Introduction to
Soil Environment Survey and Analysis

土壌環境調査・
分析法入門

Haruo Tanaka
田中治夫 [編著]

Tomoyoshi Murata
村田智吉 [著]

講談社

序　文

　「"土に根をおろし，風とともに生きよう．種とともに冬を越え，鳥とともに春を歌おう"．どんなに恐ろしい武器を持っても，たくさんの可哀想なロボットを操っても，土から離れては生きられないのよ！」宮崎駿監督『天空の城ラピュタ』でのシータの言葉である．

　シータだけでなく，いろいろな方が「土壌は大切である」と言ってくださる．農業関係の方は，土は農の基本であり，土作りが大切だ，といってくださる．子どもは，ドロ遊びが好きだし，光る泥だんごづくりが大好きだ．光る泥だんごづくりをイベントで行うと多くの子どもが集まる．最近では，土との触れあいが癒やしになると，セラピー効果も期待されている．土で絵を描こうというプロジェクトもある．

　去る2015年は，国連が定めた「国際土壌年」であった．決議文には，「土壌は農業開発，生態系の基本的機能および食糧安全保障の基盤であることから，地球上の生命を維持する要である．さらに，土壌には，経済成長，生物多様性，持続可能な農業と食糧の安全保障，貧困撲滅，女性の地位向上，気候変動への対応，水利用の改善など，様々な問題を解決する可能性が秘められている．」とある．

　このように，これほど多くの方々に土壌の重要性が認識されている．しかし，土壌を実際に掘ってその断面を調べたことのある人は多くないであろう．また，土の色がなぜ，黒色であったり，赤色であったり，黄色であったりするのか，その理由を説明できる人も多くはないであろう．

　これはひとえに，土壌の研究を行っているわれわれが，土壌の重要性を十分に伝えてこなかったからに他ならない．そんな折り，講談社サイエンティフィクの渡邉　拓さんから，土壌の本を執筆しないかとお誘いを受けた．一人でも多くの方に土壌について知っていただく良い機会だと思い，微力ながら執筆を引き受けた．

　しかし，執筆をしてみて，土壌の不思議や魅力を伝えることの難しさを実感した．土壌がなぜ黒いのか，それは土壌中の有機物量が多いからなのだが，土壌有機物が自然界の他の多くの植物体の有機物とは異なり，構造の違いから暗色を呈すること，その特性のためにさまざまな機能を有することなどを説明しないと行けない．本書で，それらをどれだけ伝えられたか，甚だ疑問ではあるが，一人でも多くの方が土壌の不思議や魅力に興味を持っていただければ幸いである．

本書は，これから土壌学を学びたい，初めてだけれども土壌の調査・分析を行ってみたいという方を念頭において執筆しました．そのため，最新の機器はないけれども，ある程度の機器が使える方ならば土壌分析がおこなえる方法を選んであります．とはいえ，どうしても高度な機器分析に頼らざるを得ない方法もあります．本書よりもハイレベルな分析を目指す方は引用にあげた各専門書などを参考にしていただきたい．

　最後に，本書を出版するに当たり，講談社サイエンティフィクの渡邉　拓さんと池上寛子さんには，多大なるサポートをいただきました．本書が完成したのは二人のおかげである．心から感謝したい．

2018年7月

田中治夫

編　者：田中治夫
共著者：田中治夫（1, 2, 4, 5, 6, 8, 9, 10, 11, 12章を担当）
　　　　村田智吉（3, 7, 13, 14, 15章を担当）

Introduction to Soil Environment Survey and Analysis

［目次］

序文 iii

Part 1 土壌の性質と環境 1

Chapter 1
土壌の成り立ち 2

1.1 土は環境と時間の産物 2

1.2 土・土壌をどのように定義するか 3

1.3 土壌はどのようにしてできるのか 3

1.4 土壌層位の分化 12

Chapter 2
土壌は何からできているのか 14

2.1 土壌の三相分布と保水性 14

2.2 土壌の団粒構造 15

2.3 土壌の無機成分 16

2.4 土壌の有機成分 20

Chapter 3
土壌が養分や物質を保持・受け渡しするはたらき 24

3.1 物質保持の担い手 24

3.2 保持される物質とその保持量 28

3.3 物質の保持・放出機能がはたらく現場 35

Chapter 4
土壌生態系と物質循環 39

4.1 土壌生態系の役者 39

4.2 エネルギーの流れ 39

4.3 炭素の循環 40

4.4 窒素の循環 43

4.5 リンの循環 46

4.6 イオウの循環 48

v

4.7 土壌有機物の分解 ･･ 49

Chapter 5
土壌の生物生産機能 ･･ 55

5.1 植物の生育と土壌の機能 ････････････････････････････････････ 55

5.2 土壌養分 ･･ 56

5.3 土壌酸性 ･･ 60

5.4 土壌の電気伝導度 ･･ 65

5.5 土壌有機物の機能 ･･ 65

Chapter 6
水田の土壌・畑の土壌・森林の土壌 ･･････････････････ 68

6.1 水田の土壌 ･･ 68

6.2 畑の土壌 ･･ 73

6.3 森林土壌 ･･ 77

Chapter 7
土壌と人類とのかかわり ── 土壌環境問題 ･････････････ 80

7.1 地球上の陸域面積と土地利用 ････････････････････････････････ 80

7.2 侵食 ── 土壌浸食・砂漠化・黄砂 ･･････････････････････････ 82

7.3 土壌における有機物の蓄積と減耗 ── 気候変動と土壌炭素貯留 ････ 84

7.4 土壌の汚染 ･･ 88

7.5 都市化が生態系にもらたす問題 ── 土地被覆・ヒートアイランド・水循環 ･･････ 94

7.6 土壌が生物の多様性をささえる ････････････････････････････ 95

Chapter 8
土壌の種類と分類 ･･ 98

8.1 土壌の種類と分類 ･･ 98

Chapter 9
土壌調査 ･･ 108

9.1 土壌調査は何を調べるのか ── 土壌調査票での調査項目 ･･･ 108

9.2 土色 ･･ 108

9.3 土性 ･･ 112

9.4 斑紋・結核 ･･ 113

9.5 層位名 ･･･ 114

9.6	礫	119
9.7	構造	119
9.8	反応テスト	119
9.9	根系調査	120

Chapter 10
土壌図の活用 — 121
| 10.1 | 土壌図の見方 | 121 |
| 10.2 | 土壌図の種類 | 123 |

Chapter 11
土壌の機能解析と分析項目 — 126
11.1	農耕地での土壌生産力可能性分級に用いられている分析項目	126
11.2	作物栽培のための土壌診断に用いられている分析項目	127
11.3	林野での土壌の生産性調査に用いられている分析項目	128
11.4	土壌分類のために用いられている分析項目	128

Part 2 土壌の分析 — 133

Chapter 12
土壌採取法 — 134
12.1	土壌試料の採取	134
12.2	土壌試料の調整法	136
12.3	海外の土壌試料について	137

Chapter 13
土壌の化学性分析 — 138
13.1	pH	138
13.2	交換酸度（y1）	139
13.3	中和石灰量 ——緩衝曲線法	142
13.4	電気伝導度（EC）	143
13.5	陽イオン交換容量（CEC）	143
13.6	交換性陽イオンの定性・定量	151
13.7	有機物含量 ——全炭素量, 有機態炭素量	154

vii

13.8 全窒素 —— ケルダール分解・蒸留法 ································· 156

13.9 無機態窒素の定量 —— アンモニア態窒素 ··················· 159

13.10 無機態窒素の定量 —— 硝酸態窒素 ·························· 160

13.11 可給態窒素 ··· 161

13.12 リン酸吸収係数 ··· 165

13.13 リンの形態分析
—— 全リン酸, 無機態リン酸, 有機態リン酸 ················· 167

13.14 選択溶解法によるコロイド組成分析 —— 主にFe, Al, Siの形態 ········· 170

Chapter 14
土壌の物理性分析 ··· 174

14.1 三相分布, 乾燥密度 (仮比重), 礫含量 ······················ 174

14.2 土壌水分量 —— 風乾土または生土中の水分率 ··············· 176

14.3 粒径組成 —— 土性 ·· 177

14.4 団粒分析 ·· 180

14.5 最大容水量 —— Hillgard法 ································· 183

14.6 保水性 ·· 184

14.7 透水性 ·· 185

14.8 強熱減量 —— 灼熱損量 ······································ 186

Chapter 15
土壌の生物性分析 ··· 187

15.1 土壌微生物数 —— 希釈平板法 ······························ 187

15.2 土壌呼吸 ·· 191

15.3 土壌動物相 —— ツルグレン法 ······························ 194

15.4 有機物分解活性 ··· 196

15.5 土壌酵素活性 —— デヒドロゲナーゼ活性 ···················· 197

15.6 土壌微生物バイオマス量 ····································· 200

索引 ··· 207

Introduction to
Soil Environment Survey and Analysis

 # 土壌の性質と環境

Chapter 1　土壌の成り立ち ……………………………………………………… 2
Chapter 2　土壌は何からできているのか ……………………………………… 14
Chapter 3　土壌が養分や物質を保持・受け渡しするはたらき ……………… 24
Chapter 4　土壌生態系と物質循環 ……………………………………………… 39
Chapter 5　土壌の生物生産機能 ………………………………………………… 55
Chapter 6　水田の土壌・畑の土壌・森林の土壌 ……………………………… 68
Chapter 7　土壌と人類とのかかわり（土壌環境問題） ……………………… 80
Chapter 8　土壌の種類と分類 …………………………………………………… 98
Chapter 9　土壌調査 ……………………………………………………………… 108
Chapter 10　土壌図の活用 ……………………………………………………… 121
Chapter 11　土壌の機能解析と分析項目 ……………………………………… 126

第1章 土壌の成り立ち

1.1 土は環境と時間の産物

「土って何色ですか？」と聞かれると「茶色」と答える人が多いであろう．しかし，幼い頃に慣れ親しんだ土の色を思い浮かべてみると，それは人によって違うであろう．北海道や東北，関東，そして九州の人は「黒」と答えることが多い．これらの地域には，火山灰を起源とし，暗色の土壌有機物（腐植とよぶこともある．2.4.1参照）を多く含む黒ボク土が広がっているためである．関西には「白」と答える人も多いという．これは，花崗岩起源の灰色の，マサ土とよばれる土が広がっているためである．また，沖縄や愛知，山口の一部の人たちは「赤」と答えるであろう．これは，ヘマタイトという鉄鉱物を含んだ赤色土が存在しているためである．

実際，土の色はさまざまである．茶色が多いのは，鉱物が風化（1.3.1参照）して生成した鉄の化合物が，土壌粒子の表面を覆って着色しているためである．しかし，鉄の化合物の形態によって，赤や黄色，さらには青色と，土の色は異なってくる．また，有機物含量が多い土ほど黒くなる．

土の重さやコロイド特性などの土壌の性質も，土の色を反映し多様である．たとえば，有機物含量が多い土は，一般的には軽い土である．また，赤色の鉄酸化物であるヘマタイトを多く含む土は，風化が進んだやせた土であることが多い．

土の色と性質は，その元になった素材（母材という）と，気候，生物，地形などの環境因子，そしてその土ができるまでにかかった時間因子の違いの反映であり，土は環境と時間の産物といえる．

したがって，土を調査・分析する際は，土の生成には環境因子と時間因子の2つの因子がはたらくという視点が重要である．この章では，土の調査・分析法に必要な各因子について述べていく．

1.2 土・土壌をどのように定義するか

　はじめに，土壌について定義しておく必要がある．さまざまな研究者がその定義を試みているものの，一致した定義は得られていない．

　たとえば，日本土壌肥料学会では，「土壌とは、地球の陸地表層または浅い水の下にあり、岩石の風化や水、風などによる運搬、堆積と生物が作用し、有機物と無機物が組み合わさり、自然に構成されたものである。」と，存在する場所および構成成分によって土壌を定義している[1]．さらに，土壌が持つ機能として，「植物をはじめとする生物を養い、物質の保持や循環などの機能を持ち、周囲の影響を受けて変化する。」と述べている．さらに，存在場所，構成成分，機能の3つの側面から詳しく定義が試みられている．この定義に関して，詳しくは同学会のHPを見ていただきたい．

　一方，天野[2]は土壌を「地球表面を被う自然物で、空気と水のほかに無機・有機化合物および生物を種々の割合で含む集合体であり、機械的ならびに養分・水分の供給を通じて植物を支えていたり、支える力を持つものである。」と定義している．本書ではこの定義に従うこととする．

　本書では「土」と「土壌」を使い分けるが，その区別には「土壌体」という概念の理解が必要である．土壌はその場の環境や土地景観と一体のものだが，さまざまな環境の総合的な相互作用によって生成された土壌は「土壌体」であると考えられている．一方，土壌体から取り出された物質は，「土壌物質」とよんで区別されている．「土」や「土壌」という言葉は，土壌体と土壌物質の両方を指して使われることがあるので注意が必要である．扱っているものが土壌体か土壌物質かを常に認識し，区別しておくことが重要である．本書では，土壌物質を指して扱うときには主に「土」を，環境と時間の産物である歴史的自然体を指して扱うときには主に「土壌」を用いることとする．なお，土木工学の分野では土を「土質」ともよび，土壌物質を扱う場合が多い．

　土壌を理解するために，土壌が自然の中で長い時間をかけて生成されること，さまざまな物質の集合体であること，植物を育てる機能をもつことの3点は常に忘れないでほしい．

1.3 土壌はどのようにしてできるのか

　つづいて，土壌がどのようにしてできるのか，土壌生成（soil formation, soil genesis, pedogenesis）を見てみよう．

Part 1 | 土壌の性質と環境

　土壌の生成には，「母材（parent material）」「気候（climate）」「生物（organisms）（植生（vegetation））」「地形（topography）」の相互に作用する4つの環境因子と，「時間（time）」という因子がかかわる．これら5つを土壌生成因子（soil formation factor）という．土壌生成因子には，さらに「人為」が加えられることもある．土壌はこれら土壌生成因子を反映し，それぞれに異なった土壌断面を示す．

　ここから，土壌生成因子のそれぞれについて解説する．

1.3.1 母材

　土壌のもとになる物質を母材という．一般的な無機質土壌の母材は，岩石などの無機物である．一方，泥炭土などの有機質土壌の母材は植物遺体である．無機質土壌の母材は岩石が風化してできたもので，風化する前の岩石を母岩という．

A. 母岩の風化

　母岩が崩壊，分解し母材になる過程を風化というが，風化は，機械的風化（崩壊作用）と化学的風化に大別される．

　機械的風化は，岩石や鉱物が化学的変化を受けることなく，機械的方法によってより小さい粒子に破壊される過程である．機械的風化を受けても性質と組成に変化はないが，表面積が増大する．機械的風化の要因にはさまざまなものが知られている．たとえば，温熱による変化，凍結による破砕作用などの風化作用がある．砂漠では，日中と夜間とで岩石表面の温度差が50℃程度になることがあり，水が凍結するときの膨張力は，岩石を粉砕するのに十分な力である．スレーキングといって，岩石が乾燥，吸水を繰り返すことにより，細かくばらばらに崩壊する風化もある．また，植物の根が岩石の割れ目に侵入すると，植物根が成長する過程で，多くの岩石が破砕される．さらに，岩石が河川や氷河と移動する際や風に運ばれる際，岩石や鉱物粒子間にはたらく摩擦は，岩石や鉱物の破砕を促進する．

　一方，化学的風化では，岩石や鉱物が化学反応によって変質する．塩化ナトリウムや石膏などの溶解作用，加水分解作用，還元状態にある元素の酸化作用，大気中や呼吸で放出される二酸化炭素や有機酸などの酸による作用などが知られている．

B. 母岩の種類と土壌の性質

　母岩の種類によって，生成する土壌が異なってくることがある．母岩は土壌断面の発達と化学組成に及ぼす影響の特徴に基づいて，土壌学的には ① 火山砕屑物（火口

[表1-1] 火成岩の分類[3]

SiO₂含量%	多 ← 66 — 52 → 少		
	（酸 性）	（中 性）	（塩基性）
主要鉱物の組合せ	石英＋カリ長石＋斜長石＋黒雲母＋角閃石	斜長石＋黒雲母＋輝石＋角閃石	斜長石＋輝石＋カンラン石
色指数	淡色 ← 10 — 35 → 暗色		

完晶質 ↑ ↓ ガラス質	粗粒 （結晶の大きさ） 細粒	深成岩	花崗岩	閃緑岩	ハンレイ岩
		半深成岩	石英斑岩	ヒン岩	輝緑岩
		火山岩	流紋岩	安山岩	玄武岩

　から噴出した固形状の火山噴出物），② 火成岩（マグマが冷え固結してできた岩石（表1-1，図1-1）），③ 未固結堆積物（砂や礫などが特定の場所に積み重なったもの），④ 固結堆積岩（砂や礫などの堆積物が固結してできた岩石），⑤ 変成岩（既存の岩石が高温や高圧の影響で構造が変化した岩石），⑥ 植物遺体に大別される．

[図1-1] 深成岩と火山岩
〔日本原子力研究開発機構HPより許可を得て転載〕

　特に火成岩では，酸性岩か塩基性岩かといった違いにより，生成する土壌の性質が大きく異なることがある．母材が，蛇紋岩やハンレイ岩のような塩基性〜超塩基性岩か，石灰岩である場合，生成する土壌は次表層が暗赤色を示す暗赤色土となる．次表層とは，表層の直下のおおむね深さ20〜60 cmにある土壌層位（1.4参照）で，物質の移動や集積などにより，その土壌の特徴をよく示す土壌層位である．

　また，母材の物理的・化学的性質や堆積様式の違いは，水による物質の下層への除去（洗脱）作用や水の通りやすさ（透水性），生成される鉱物の種類と量に影響を与える．たとえば黒ボク土は，母材である火山灰の影響を強く受けて生成した土壌である．火山灰は孔隙（2.1参照）が多く，また粒子サイズが小さいので，単位重量や単位体積あたりの表面積（比表面積）が大きく反応性に富む．透水性も高いため，火山ガラスなどの一次鉱物の化学的風化が比較的速く進行し，風化により溶け出たアルミニウムからアロフェンなどの活性アルミニウムが生成する．活性アルミニウムとは，結晶性のアルミニウム鉱物や，交換性・水溶性のアルミニウムではなく，リン酸吸着活

性を持つアルミニウムのことを指す．物質としては，アルミニウム–腐植複合体やアロフェン，イモゴライトなどである (2.3.3参照)．これらの活性アルミニウムによって，黒ボク土では高いリン酸吸収係数（リン酸を固定する強さ；6.2.1参照）を持つことになる．

1.3.2 気候

気候は主に，土壌の温度と水分量に影響する．

A. 土壌温度への影響

まず，気温の日変化が土壌の温度に与える影響を見てみよう．<u>土壌温度</u>を考える際，深さ方向の温度分布が重要になる．昼間は太陽エネルギーによって地表の温度が上昇し，熱は地表から地下へと伝わる．夜間は逆に，下層から表層へと熱が伝わる．土壌温度の一日での変化の幅は土壌が深いところほど小さくなり，地表下約40 cmより深いところでは土壌の温度はほぼ安定し，日変化はほとんどなくなる（図1-2）．

一方，気温により，土壌温度はどう変化するだろうか．土壌温度の季節変化は日射量の変化から数ヶ月遅れ，気温とほぼ同じ変化をする（図1-3）．

気温（日変化，季節変化）や降水量と蒸発量の差は，気候因子として，土壌の温度

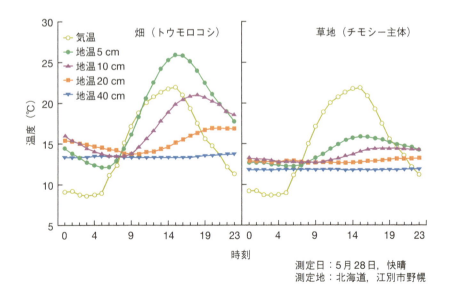

[図1-2] **畑と草地における地温の日変化**[4]

分布や水分状況に影響を及ぼし，母材や有機物の分解，物質や水の移動の方向と速度を左右している．

温度は土壌生成にも影響を与える．したがって，土壌の分類においては，深さ50 cmで観測される年平均土壌温度をその指標に用いている．日本では，標高1,000 m以上の地域を除いて，年平均土壌温度に基づき，北海道東北部がフリジット（8℃未満），北海道東部を除く関東以北がメシック（8℃以上，15℃未満），関東以南がサーミック（15℃以上，22℃未満），奄美諸島以南がハイパーサーミック（22℃以上）に分類されている（図1-4）．

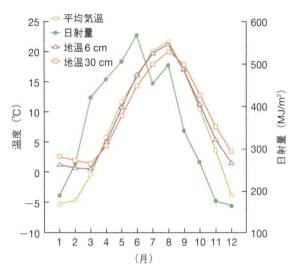

1999～2001年の3年間平均値，芝生地での測定データでそれぞれ，月平均値
測定地：北海道，江別市野幌

[図1-3] 地温および気温，日射量の季節変化[4]

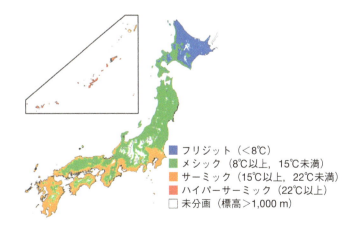

[図1-4] 日本の土壌温度分布状況
〔文献5 Fig.1 (d) を許可を得て転載〕

Part 1 | 土壌の性質と環境

B. 土壌水分量への影響

　気候は土壌の水分量にも大きな影響を与える．なぜなら，土壌中の水分量は，降水・浸透・流出・蒸発・蒸散などのバランスによって決まるからだ．降水量が蒸発散量を上回る場合には，土壌中の水分は下方へと移動し，洗脱作用により土壌中の構成成分，特に可溶成分が失われる．一方，**図1-5**のように蒸発散量が降水量を上回る場合には，水は上方へ移動する．塩化ナトリウムや，硝酸ナトリウムなどの可溶性塩類が土壌の表層に集積して，塩類化を招くこともある．

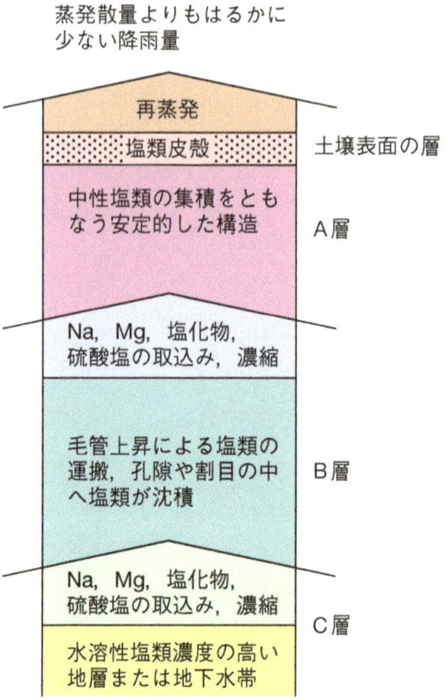

1.3.3 生物

　生物因子には，植物・土壌動物・土壌微生物それぞれの作用によるものがある．

蒸発散量よりもはるかに少ない降雨量

再蒸発	
塩類皮殻	土壌表面の層
中性塩類の集積をともなう安定的した構造	A層
Na，Mg，塩化物，硫酸塩の取込み，濃縮	
毛管上昇による塩類の運搬，孔隙や割目の中へ塩類が沈積	B層
Na，Mg，塩化物，硫酸塩の取込み，濃縮	
水溶性塩類濃度の高い地層または地下水帯	C層

[図1-5] 塩類集積作用の過程[6]

　植物の作用としては，落葉・落枝や枯死根などの植物遺体の供給，植物による土壌からの養分の吸収，植物の被覆による侵食防止などがあげられる．植物遺体は土壌動物・土壌微生物の餌となり，土壌有機物の供給源でもある．植物のバイオマス量（生物量）は，一般に草地生態系よりも森林生態系の方が多いが，毎年土壌に還元される有機物量は，草地生態系の方が多い．また，黒ボク土の腐植の給源は主に草本類と考えられており，土壌生成には植物が大きく影響する．

　土壌動物としては，ミミズやムカデなどの大型土壌動物から，ダニやトビムシなどの中型土壌動物，原生動物や線虫などの小型土壌動物まで，いろいろな種類が知られている（図1-6）．土壌動物のはたらきで重要なのは，落葉・落枝の粉砕（分解）と耕耘（土壌を掘り返して軟らかくすること；6.2.2参照）などの物理的作用である．その中でも，最も広く知られているのはミミズによる耕耘であろう．ミミズが腸管を通して，年間0.4～0.5 cmの土層に相当する土壌を地上へ運び上げることが，1838年にチャールズ・ダーウィンによって明らかにされている[7]．

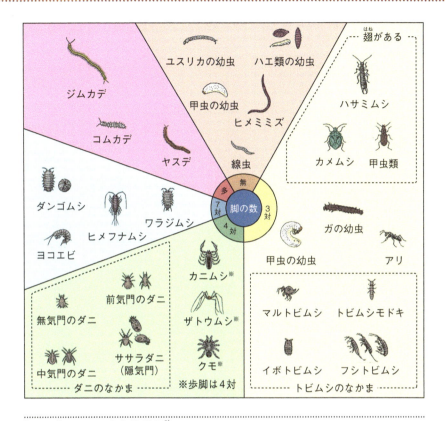

[図1-6] いろいろな土壌動物[8]

　土壌微生物には，細菌・放線菌・糸状菌・藻類があげられる．土壌微生物が産出する土壌酵素は，土壌中での物質の生化学分解に重要な役割を果たしている．細菌の大きさは0.4〜2 μm程度と土壌動物と比べて非常に小さいが，土壌1 gあたりに数十億もの膨大な数の細菌が生息しているため，そのバイオマス量は多く，物質循環に重要な役割を果たしている（表1-2）．

1.3.4 地形

　土壌生成に影響を与える地形として，まずは斜面が挙げられる．斜面の方位や形態（凸型・平衡（等斉）・凹型など），傾斜度などの違いは，地表での熱や水の移動による侵食に影響し，土壌生成に関与している．たとえば，日の当たる南向き斜面では，北向き斜面に比べて，土壌温度が上がるとともに乾燥が進む．また，斜面の形態が異

[表1-2] 表層土壌中の土壌生物の数とその重量[9]

生物の種類	数[a] (/m²)	(/g)	生物体量[b] (kg/ha)	(g/m²)
土壌微生物				
細菌と古細菌	10^{14}～10^{15}	10^9～10^{10}	400～5,000	40～500
放線菌	10^{12}～10^{13}	10^7～10^8	400～5,000	40～500
糸状菌	10^6～10^8 m	10～10^3 m	1,000～15,000	100～1,500
藻類	10^9～10^{10}	10^4～10^5	10～500	1～50
土壌動物				
原生動物	10^7～10^{11}	10^2～10^6	20～300	2～30
線虫	10^5～10^7	1～10^2	10～300	1～30
ダニ	10^3～10^6	1～10	2～500	0.2～5
トビムシ	10^3～10^6	1～10	2～500	0.2～5
ミミズ	10～10^3		100～4,000	10～400
その他	10^2～10^4		10～100	1～10

a：糸状菌は個体の識別が難しいので長さで表している．
b：生物体量は生体重で乾物重は生体重のおおよそ20～25％である．

なると，土壌の侵食や堆積が異なってくる（図1-7）．

　平均海面（海水面）を基準として測った地下水までの深さを地下水位といい，地下水位の深さの違いも，土壌の生成に関与する（図1-8）．低地で地下水位が高い場合は，湛水（水をたたえること）状態で還元状態になり植物遺体の分解が抑制され，泥炭土や黒泥土が生成する．低地では，地下水位が低くなるにつれて，グライ土，灰色低地土，褐色低地土と変化して出現するようになる．実際には，河川に近く地下水位が低い自然堤防では褐色低地土や灰色低地土が，河川から離れた後背湿地では，地下水位が高くなるにつれてグライ土，黒泥土，泥炭土と変化して出現する．

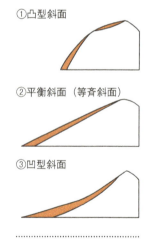

[図1-7] 斜面の形態と土層の厚さ[10]

1.3.5 時間

　土壌はその場の環境因子（1.1参照）の相互作用が，長短さまざまな時間を経て生成するものである．相互作用の時間が異なれば，生成する土壌も異なってくる．たとえば，粘土が水に分散して下方に運ばれ，次表層に集積することでできる層（Bt層）をもつ土壌が生成するには，10,000年以上の時間が必要である．日本の畑土壌の半分

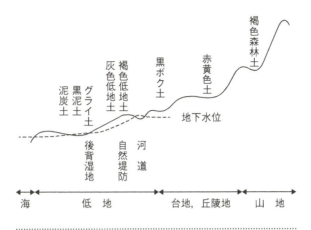

［図1-8］**地形と土壌の関係**[11]

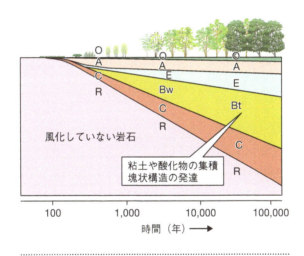

［図1-9］**時間経過による土壌の発達**[9]

の面積を占める火山灰土壌で，A層／B層／C層という層位の区分（1.4参照）が形成されるには1,500年以上の時間が必要である（図1-9）．

1.3.6 人為

　人為は，生物因子の1つともいえるが，地球上で人類の活動が優占するようになった現代では，人為因子を土壌生成に強く影響する独立した因子として取り扱われるようになってきた．

11

1.4 土壌層位の分化

　土壌は，今まで述べてきたような様々な土壌生成因子の相互作用を受けることで，性質の異なるいくつかの土壌の層が水平に積み重なった形となる．土壌の各層のことを **土壌層位**（soil horizon）とよび，層位分化しながら土壌が生成する過程を土壌生成作用という．

　土壌生成の初期には，風化した母材の層であるC層の上に，表層から生物活動が加わって有機物を含んだA層ができ，A層／C層という断面形態の土壌ができる．土壌生成が進むと，A層の下に，土壌材料が風化・変質した，あるいはA層から洗脱された物質が富化（貯まって増えていくこと）したB層が生成してA層／B層／C層という図1-10のような土壌ができる．

　土壌はB層ができて初めて一人前の土壌とよばれる．A層やB層はさらに細分化することもある．詳細については9.5で述べる．

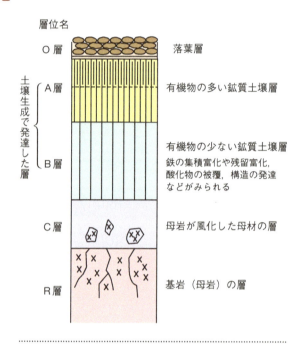

[図1-10] 土壌断面層位の模式図

[文献]

1. 日本土壌肥料学会 (2010)『私たちの研究対象とする土壌と土』
   http://jssspn.jp/file/tuchinoteigiv2.pdf
2. 天野洋司 (1994)「土壌の生成と分類・調査」,『土壌・植物栄養・環境事典』博友社, p.17.
3. 櫻井克年 (2018)「岩石の風化と土壌の生成」, 木村眞人・南條正巳編『土壌サイエンス入門 第2版』文永堂出版, p.86.
4. 松中照夫 (2003)『土壌学の基礎：生成・機能・肥沃度・環境』農山漁村文化協会, p.105-107.

5. Takata, Y. et al. (2011) Delineation of Japanese soil temperature regime map. *Soil Science and Plant Nutrition*, 57 (2), p.294-302.

6. 松中照夫 (2003)『土壌学の基礎：生成・機能・肥沃度・環境』農山漁村文化協会, p.23.

7. チャールズ・ダーウィン『ミミズと土』渡辺弘之訳 (1994), 平凡社

8. 数研出版編集部編 (2000)『視覚でとらえるフォトサイエンス　生物図録』数研出版, p.217.

9. Brady, C. N., and Weil, R. R. (2008) *The nature and properties of soils, 14th edition*. Pearson Prentice Hall, p.453.

10. 大羽　裕・永塚鎮男 (1988)『土壌生成分類学』養賢堂, p.110.

11. 角田憲一・安藤豊 (2018)「水田の分布と土壌の特異性」, 木村眞人・南條正巳編『土壌サイエンス入門　第2版』文永堂出版, p.61.

Part 1 | 土壌の性質と環境

Chapter 2 土壌は何からできているのか

2.1 土壌の三相分布と保水性

　土壌は，固体粒子と，その隙間である孔隙からできている．固体粒子は，いろいろな粒径の無機物や有機物からできていて固相（solid phase）とよばれる．孔隙の一部は水で満たされ液相（liquid phase）とよばれ，残りの孔隙は土壌空気で満たされ気相（gaseous phase）とよばれている．固相・液相・気相をあわせて土壌三相といい，それぞれの体積割合を固相率・液相率・気相率という．土壌の三相分布の例を図2-1に示した．三相分布は土壌によって大きく異なるが，多くの土壌で孔隙率（液相率＋気相率）は50％を超えている．

　土壌粒子が均一の球と仮定して，簡単な土壌のモデルの孔隙率を考えてみよう．粒子の並び方として，図2-2に示す密充填と粗充填が挙げられるが，密充填での孔隙率は26％，粗充填でも48％である．一方，実際の土壌では，たとえば普通畑（果樹園，牧草地以外の畑）の表層土壌の孔隙率は55～66％程度で，黒ボク土では70％を超すこともあり，モデルよりも孔隙率が大きい．これは土壌が団粒構造（aggregate structure）を形成しているためである．

　植物は，土壌の孔隙に保持されている水を積極的に利用する．孔隙の性質により，土壌の水の保持量は異なる．また，保持されたすべての水分が植物にとって吸収可能なわけではない．植物の根が有効に吸収できうる水分量（有効水）は，土壌の構造や

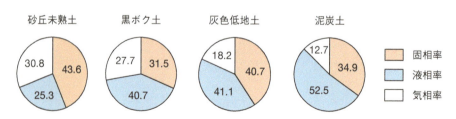

［図2-1］各種土壌の三相分布
〔文献1 1999–2003のデータをもとに作成〕

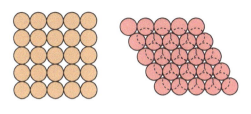

[図2-2] 球状粒子の粗充填（左）と密充填（右）

孔隙の種類や量などと深くかかわっており，これらを総称して水持ち（保水性）とよんだりする．粒径の大きい砂画分は透水性に寄与し，逆に小さな粘土画分は水分の保持に寄与する．さまざまな粒径の成分が適度に存在することが水持ちには重要である．

2.2 土壌の団粒構造

　土壌粒子が結合してつくる集合体を団粒という．団粒は階層構造をとっており，微小なミクロ団粒（微少粒団，図2-3左）と粗大なマクロ団粒（粗粒団，図2-3右）からなる．

　ミクロ団粒は，大きさ250 μm以下の団粒とされ，粘土粒子，細菌細胞，腐植，植物破片などが，多糖類の粘物質や水和酸化物によって結合されてできると考えられている．一方，250 μm以上であるマクロ団粒は，ミクロ団粒と植物遺体の破片が植物根や糸状菌菌糸によって絡み合い形成される．

　図2-4に土壌団粒と土壌三相の模式図を示した．無機物と有機物からなる小さな丸

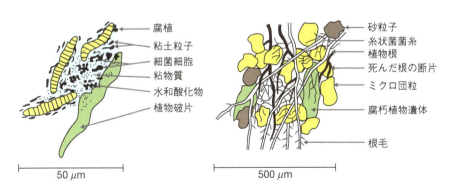

[図2-3] ミクロ団粒（左）とマクロ団粒（右）の模式図
〔文献2（文献3をもとに作成）から許可を得て転載〕

が土壌粒子で，それらが結合した集合体が団粒である．団粒内の小さな微細孔隙（図の斜線部分）には毛管力により土壌溶液が保持され，植物に有効な水分の給源となる．一方，団粒と団粒の間の大きな粗孔隙（図の背景部分）の水分は重力により抜け落ちて気相となり，土壌の通気に役立っている．そのため団粒構造が発達すると，土壌の保水性，通気性，透水性などの物理性の良い状態となり，生産力の高い土壌となる．

また，直径3〜6μmより小さい微細孔隙には主として細菌や微小原生動物がすみ，直径3〜6μm以上の孔隙には藻類や糸状菌，多くの原生動物がすんでいる．

団粒のうち，水中でも壊れないものを耐水性団粒とよぶが，耐水性団粒の多い土壌は水食や風食に強い抵抗性を示す．

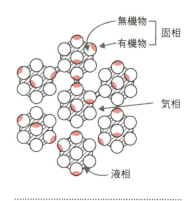

［図2-4］土壌粒子と三相の模式図
〔文献4より許可を得て転載〕

2.3 土壌の無機成分

2.3.1 礫・砂・シルト・粘土

土壌の無機成分は，その粒径から，礫（gravel, 2.0 mm以上），砂（sand, 2.0〜0.02 mm（2.0〜0.2 mmを粗砂，0.2〜0.02 mmを細砂とさらに分けることもある）），シルト（silt, 0.02〜0.002 mm），粘土（clay, 0.002 mm以下）に分けられ，粒径によって理化学性が大きく異なる．

礫は比表面積が小さく，イオン交換などの化学性や，粘着性や凝集性などの物理性といった，土壌の理化学性にはほとんど寄与しない．砂も比表面積が小さく，粘着性や凝集性はないが，孔隙率の増大や，通気・排水の増大に役立っている．シルトは，砂と粘土の中間的な性質を持ち，粘着性はないが，弱い凝集力を示す．粘土は，比表面積が大きく，コロイドの性質を強く示す．粘着性や凝集力が大きく，水の吸着保持やイオン交換などの理化学性に大きく寄与している．

2.3.2 一次鉱物

無機物である岩石は風化によりその粒径が小さくなっていくが，その過程で岩石は

[表2-1] 大陸地殻表層をつくる鉱物[5]

	大陸地殻表層の平均値（%）	大陸地殻表面の平均値（%）
斜長石	39.9	34.9
カリ長石	12.9	11.3
石英	23.2	20.3
火山ガラス	—	12.5
角閃石	2.1	1.8
黒雲母	8.7	7.6
白雲母	5.0	4.4
輝石	1.4	1.2
緑泥石	2.2	1.9
カンラン石	0.2	0.2
酸化物	1.6	1.4
その他	3.0	2.6

元の岩石を構成していた一次鉱物（primary mineral）へと分解される。一次鉱物の種類は多いが、地殻表層中で主要なものは長石（feldspar），石英（quartz），輝石（pyroxene），角閃石（amphibole），雲母（mica）の5種で、全体の9割近くを占めている（表2-1）。一次鉱物の多くはケイ酸塩鉱物で，SiO_4の四面体（ケイ素四面体）を基本構造としてもっている。このケイ素四面体の結合の違いによりさまざまな鉱物に分類される。たとえばカンラン石ではケイ素四面体は散在していて，隣のケイ素と酸素を共有していないため，風化されやすい。一方，長石や石英ではケイ素四面体の酸素はすべて共有されていて，網目構造をつくっているため，風化されにくい。

また，地表面ではこれらの一次鉱物に加え，火山灰（volcanic ash）の影響を受ける（表2-1）。火山灰には通常，多量の火山ガラスが含まれていて，火山灰土の重要な一次鉱物になっている。火山ガラスは細粒で他の鉱物に比べて風化が著しく早く，非晶質のアロフェンなどを多量に生成する。なお，非晶質とは，結晶物質のように原子や分子が規則正しい配列をとるのではなく，不規則な配列をしている固体物質のことを指す。

2.3.3 二次鉱物

一次鉱物の風化過程で生成した可溶性物質から新たにできた鉱物を二次鉱物（粘土鉱物ともいう）という。土壌中の主な二次鉱物を表2-2に示した。

Part 1 | 土壌の性質と環境

[表2-2] 土壌中の主な二次鉱物[6]

二次鉱物	化学式
1. 層状ケイ酸塩鉱物	
a. 1：1型鉱物	
カオリナイト	$Si_4Al_4O_{10}(OH)_8$
ハロイサイト	$Si_4Al_4O_{10}(OH)_8・4H_2O$ など
b. 2：1型鉱物	
スメクタイトなど	
モンモリロナイトなど	$M_{0.67}Si_8(Al_{3.33}Mg_{0.67})O_{20}(OH)_4・nH_2O$[*1]
バーミキュライト	$Mg_{1.2}(Si_{6.8}Al_{1.2})(Mg, Fe, Al)_{4\sim6}O_{20}(OH)_4・H_2O$
イライト（細粒雲母）	$K(Si_7Al)(Al, Mg, Fe_{4\sim6}O_{20})(OH)_4$
c. 2：1：1型鉱物	
クロライト	$(Mg, Al)_{9.2\sim10}(Si, Al)_8O_{20}(OH)_{16}$ など
d. 球状・繊維状	
アロフェン	$(1\sim2)SiO_2・Al_2O_3・(2.5\sim3)H_2O$
イモゴライト	$(OH)_6Al_4O_6Si_2(OH)_2$
2. 酸化物・水和酸化物鉱物	
オパーリンシリカ	$SiO_2・nH_2O$
ギブサイト	γ-$Al(OH)_3$
ヘマタイト（赤鉄鉱）	Fe_2O_3
ゲータイト（針鉄鉱）	α-$FeOOH$
レピドクロサイト（鱗繊石）	γ-$FeOOH$
フェリハイドライト	$Fe_5O_3(OH)_9$ など
3. リン酸塩・硫酸塩・炭酸塩鉱物	
アパタイト（リン灰石）	$Ca_5(PO_4)_3(OH, F, Cl)$
ジャロサイト	$AB_3(SO_4)_2(OH)_6$[*2]
ジプサム（石膏）	$CaSO_4・2H_2O$
カルサイト（方解石）	$CaCO_3$
ドロマイト（苦灰石）	$CaCO_3MgCO_3$

[*1]：M：交換性1価陽イオン，[*2]A：Na^+，K^+など，B：Al^{3+}，Fe^{3+}など.

　地球表層の代表的な二次鉱物が層状ケイ酸塩鉱物群である．ケイ素四面体とアルミニウム八面体が層状を成して，いろいろな組み合わさり方をしたものであり，**図2-5**で示したようなケイ素四面体層とアルミニウム八面体層からなる．これらが1層ずつで結晶単位層を形成している1：1型粘土鉱物と，2枚のケイ素四面体層がアルミニウム八面体層を挟む構造をもつ2：1型粘土鉱物，2：1型粘土鉱物の間にマグネシウム八面体が挟まって4層が単位となってできている2：1：1型粘土鉱物に分類される（**図2-6**）．また，層間に含まれる成分（水やイオン）によりその単位層の厚さも少しずつ変化する．

　結晶格子が似たもの同士（同形という）の間では，その中心に存在する陽イオンも

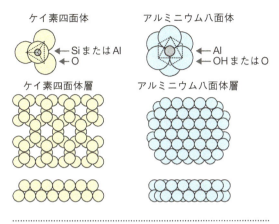

[図2-5] ケイ素四面体とアルミニウム八面体の基本構造と四面体層と八面体層の平面図および側面図[7]

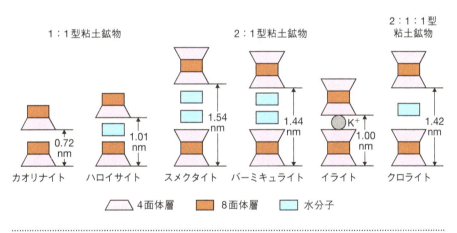

[図2-6] 層状ケイ酸塩粘土鉱物の構造模式図
〔文献6 p.32より許可を得て転載〕

サイズの近い他の陽イオンで置き換わりやすい．4価のケイ素イオン（Si^{4+}）が3価のアルミニウムイオン（Al^{3+}）と，また，Al^{3+}が2価のマグネシウムイオン（Mg^{2+}）や鉄イオン（Fe^{2+}）と置き換わる．これを同形置換（isomorphous-substition）とよぶ．同形置換されることにより，元来中和されていた中心イオンの結合相手である酸素の負電荷が中和されないため負電荷が生じる．この負電荷は強酸的性格をもち，周囲のpHの影響を受けないので，永久電荷とよばれ，様々な物質の吸着反応に寄与する（3

Part 1 | 土壌の性質と環境

章参照).

　また，ケイ酸塩鉱物には火山灰土に広く見出される中空球状構造の**アロフェン**（allophane）や中空繊維状構造の**イモゴライト**（imogolite）などがある．アロフェンはアルミニウム八面体層の内側にケイ素四面体層が配列し湾曲して球状を成している（外径約5 nm）．イモゴライトは，中空管状に構造化したもので外径が約2 nmである．

　2価の鉄イオン（Fe^{2+}）を含むカンラン石，輝石，角閃石などは地表では容易に酸化されやすい．鉄カンラン石（Fe_2SiO_4）を例にとると，陸水中の酸素と反応し，コロイド状の$Fe(OH)_3$とケイ酸（H_4SiO_4）を形成する．$Fe(OH)_3$は，さらに脱水反応が進み，赤褐色のヘマタイト（Fe_2O_3），黄褐色のゲータイト（α-FeOOH），赤褐色のレピドクロサイト（γ-FeOOH）といった酸化物を生成する．この他，結晶化の進んでいない比較的微小な粒子のフェリハイドライト（$Fe_5O_3(OH)_9$などいくつか）などがある．

　石膏やカルサイトは，雨量の少ない乾燥地帯で生成しやすい．一次鉱物から風化溶出した可溶性物質が，その後の蒸散作用により水分を失い，石膏（$CaSO_4$）やカルサイトが地表や地中で生成される．降水量が蒸発散量を上回る日本では，ハウス施設など特殊な環境以外ではまれな生成物である．

2.4 土壌の有機成分

　土壌の有機成分は，生きている有機物（バイオマス）と死んだ有機物に分けられる（**図2-7**）．死んだ有機物を土壌有機物（soil organic matter）という．

2.4.1 腐植（土壌に固有の有機物）

　土壌の有機成分の主な部分は，**腐植**（humus）である．腐植は「それぞれの土壌の置かれた立地条件のもとで安定であるがゆえに，集積するに至った有機物の総体」で，その土壌に固有の有機物である．ただし，実験操作上は，図2-7のように土壌中の有機物を区別することはほぼ不可能であるため，粗大な植物遺体を取り除いたのち，2 mmの篩を通過した画分中に含まれるものすべてを土壌有機物とみなして扱うことが多い．

　腐植は概念として，**腐植物質**（humic substance）と**非腐植物質**（non-humic substance）に分けることができる．

　土壌の炭水化物，アミノ酸，脂質，有機酸などの生化学物質を主とする有機化合物

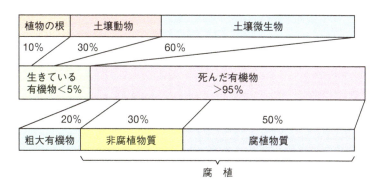

[図2-7] 土壌の有機成分の構成[8]
割合は大体の目安である

をとりまとめて非腐植物質という．炭水化物は多くが多糖類の形で存在し，土壌有機物の5〜15％を占めている．

腐植物質は，土壌中で合成された非晶質の暗色高分子有機物で，主として芳香族の化合物の重合体から成り，数千から数万，もしくはそれ以上の分子量をもつ．構造中にはカルボキシ基などの多くの酸性官能基を含んでいる．

2.4.2 土壌の生物

土壌生物は，量的には全有機物の5％以下に過ぎない（図2-7）が，1.3.3で述べたように，土壌での物質循環では重要な役割を果たしている．特に，土壌微生物の役割が大きい．

土壌微生物は，土壌学では，表2-3のように，細菌，放線菌，糸状菌，原生動物の4種類に大別され，このほかに藻類を加えることもある．放線菌は，菌糸状の形態をとる細菌の総称で，キチンやセルロースなどの高分子有機物の分解能力が高く，抗生物質を生成するものが多い．

16S rRNA（真核生物では18S rRNA）の配列比較から生物進化における各生物間の関係の系統樹を図2-8に示したが，細菌と放線菌は細菌に，糸状菌・藻類・原生動物は真核生物に分類される．

また，微生物は，エネルギー源と炭素源に基づき，表2-4のように分類される．

光合成独立栄養微生物は，光エネルギーを利用し二酸化炭素を固定する微生物で，藻類や緑色イオウ細菌，紅色イオウ細菌が属する．光合成従属栄養微生物は，光エネ

[表2-3] **土壌微生物の種類**[9]

	形態と大きさ	栄養性	酸素要求性
細菌	単細胞（0.4〜2.0 μm），あるいは細胞の連鎖状	従属栄養，独立栄養	好気性，嫌気性
放線菌	糸状の細胞（直径0.5〜2.0 μm）	従属栄養	好気性
糸状菌	分糸状の菌糸（直径3.0〜50 μm）	従属栄養	好気性
原生動物	単細胞動物（体長20〜200 μm）	従属栄養	好気性

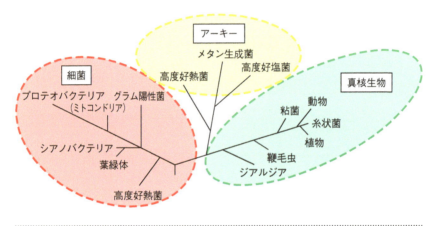

[図2-8] **すべての生物の進化の歴史を表した系統樹（ユニバーサル・ツリー）**[10]

ルギーを利用するが炭素は有機物から得る微生物で，紅色非イオウ細菌が属する．化学合成独立栄養微生物は，アンモニアやFe^{2+}，イオウなどの無機化合物を酸化してエネルギーを得，二酸化炭素を固定する．化学合成従属栄養微生物は，有機物からエネルギーと炭素を得て生育している．有機物の分解にかかわる多くの細菌，放線菌，糸状菌，原生動物が属する．

Chapter 2 | 土壌は何からできているのか

[表2-4] エネルギー源と炭素源に基づく微生物の分類

エネルギー源	炭素源	分類	微生物の例
光合成	二酸化炭素	光合成独立栄養微生物	藍藻 緑藻 緑色イオウ細菌 紅色イオウ細菌
	有機物	光合成従属栄養微生物	紅色非イオウ細菌
化学合成	二酸化炭素	化学合成独立栄養微生物	亜硝酸菌 硝酸菌 水素細菌 鉄細菌
	有機物	化学合成従属栄養微生物	窒素固定菌 放線菌 糸状菌 脱窒菌 硫酸還元菌 発酵性細菌 メタン生成細菌

[文献]

1. 農林水産省生産局 (2008)「土壌機能モニタリング調査」『土壌保全調査事業成績書』農林水産省生産局, p.485.

2. 青山正和 (2010)『土壌団粒』農山漁村文化協会, p.29-30.

3. Haynes R. J. and Beare, M. H. (1996) Aggregation and organic matter storage in meso-thermal, humid soils. In: Carter M. R. and Stewart B.A. eds., *Structure and organic matter storage in agriculture soils*. CRC Press, p.213-262.

4. 高井康雄・三好洋 (1977)『土壌通論』朝倉書店, p.7.

5. Nesbitt, H. W and Young, G. M. (1984) Prediction of some weathering trends of plutonic and volcanic rocks based on thermodynamic and kinetic considerations. *Geochimica et Cosmochimica Acta*, 48 (7), p.1523-1534.

6. 井上克弘 (1997)「土壌の材料」, 久馬一剛編『最新土壌学』朝倉書店, p.31-32.

7. Schulze, D. G. (1989) An introduction to soil mineralogy. In: Dixon, J. B. and Weed, S.B. eds., *Minerals in soil environments, 2nd edition*. Soil Science Society of America, p.1-34.

8. 筒木潔 (1994)「土壌有機物の分解と炭素化合物の代謝」,『土壌生化学』朝倉書店, p.74.

9. 木村眞人 (2005)「土壌中の生物の種類」, 三枝正彦・木村眞人編『土壌サイエンス入門』文永堂出版, p.149.

10. 服部勉・宮下清貴・齋藤明広 (2008)「土の微生物と系統分類」,『改訂版 土の微生物学』養賢堂, p.2.

Part 1 | 土壌の性質と環境

土壌が養分や物質を保持・受け渡しするはたらき

　土壌中で起こる物質の保持は，多くの場合，プラス（正電荷）やマイナス（負電荷）に帯電した物質同士が互いに引き寄せあうことで起きる．このような作用は，土壌を棲息場所とする植物や微生物の必須養分の保持や受け渡し，重金属や放射性物質などの有害物質による汚染，あるいは土壌構造の形成など，多くの場面で観察することができる．本章では，土壌中で物質保持が起こるしくみを詳しく学び，またその効果を具体例から理解しよう．

3.1 物質保持の担い手

　ひと言に物質保持といっても，その担い手となりうる場所は実にさまざまである．粘土鉱物や酸化物，水和酸化物といった無機成分の表面上や有機成分中の活性な反応部位である官能基など，いわゆるコロイド粒子とよばれる微小粒子表面の帯電した場所で起きる．本節では，土壌が養分や物質を保持するしくみについて解説する．

3.1.1 土壌粒子が帯電するしくみ

　帯電した物質同士が引き寄せあうことで起こる保持機能には，大きくわけて2つの電荷のしくみがある．1つは，永久電荷とよばれるしくみで，土壌中の粘土の主成分である層状ケイ酸塩鉱物中（表2-2参照）で起こるものである．この層状をなしたケイ酸塩鉱物は，ケイ素四面体層とアルミニウム八面体層を基本構造にもつ．これらの基本構造については，図2-5にも示したが，各元素間の配列がわかるように示すと，図3-1のようになる．これら正四面体構造や正八面体構造は，その中心にSi^{4+}やAl^{3+}といったイオンをもっている．この中心イオンの一部が地殻中の鉱物形成過程において，大きさが類似し，価数のより小さなイオン（Al^{3+}，Mg^{2+}，Fe^{2+}）と置き換わることがある．この現象を同形置換というのだが，同形置換の結果，たとえばSi^{4+}はAl^{3+}へと置換することで，正電荷の不足が生じ，その結果，粘土鉱物表面がマイナスに帯電する．永久電荷は，こうした結晶構造内部の正電荷の不足で生じるものであるため，

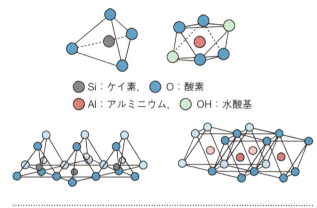

[図3-1] ケイ素四面体（左上），アルミニウム八面体（右上）の基本構造およびそれぞれが重合した，ケイ素四面体層（左下）とアルミニウム八面体層（右下）

次に述べる変異電荷のように周囲のpH条件に電荷の発生が左右されない．これが永久（電荷）とよばれる所以である．

そしてもう1つの電荷のしくみは，変異電荷とよばれるものである．規則正しく元素が配列した層状ケイ酸塩鉱物であっても，結晶の末端部位では中和しきれずに電荷が余ってしまう．図3-1の上図に示したとおり，たとえばケイ素四面体中の中心元素のSi^{4+}は，ほかの元素と結合できる手を4本持っていて，それぞれがとなりの結晶格子中に存在するSi^{4+}と1本ずつ手を出しあい，−Si−O−Si−のように酸素（O^{2-}）と結合しながら重合を繰り返し，ケイ素四面体層を形成する（図3-1左下図参照）．このようにSi^{4+}の正電荷は，O^{2-}で中和されるのだが，構造の末端部位（破壊原子価）では，−Si−O^{-}のように結合相手がいないことで負電荷が余ってしまう（正電荷が足りない）．同様のことはアルミニウム八面体でも起き，−Al−O^{-}というような電荷が余った部位が生じてしまう．

変異電荷は強固な結晶構造を持たないアロフェンのほか，鉄やアルミニウムの酸化物や水和酸化物の表面上に存在する水酸基（−OH）でも生じる．このような結晶の末端や表面の水酸基は，周囲のpHが低下して酸性に向かうと，−Si−O^{-}や−Al−O^{-}などの末端部位は，それを中和しようと水素イオン（H^{+}）を取り込み，−Si−OHや−Al−OHとなり，さらに酸性の度合いが増すと，H^{+}をもう1つ取り込み，−Al−OH$_2^{+}$のようにプラスにも帯電する．この場合は，陰イオンの吸着部位（AEC；3.2.2参照）として重要なはたらきをなすようになる．逆に，溶液中のpHが上昇してアルカリ性に向か

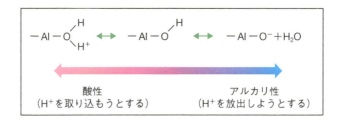

[図3-2] 周辺pH環境にともない変化する表面水酸基の帯電状態

うと，溶液中の水酸化物イオン（OH^-）が増加するため，それらを中和するために，末端や表面構造中の $-Si-OH$（または，$-Si-OH_2^+$）や $-Al-OH$（または，$-Al-OH_2^+$）から H^+ を放出し，$-Si-O^-$ や $-Al-O^-$ となる（図3-2）．

　土壌有機物中に存在する官能基も変異電荷の担い手として重要な反応部位である．落葉や落枝，枯死根のような植物遺体は，分解される過程で腐植物質とよばれる土壌に特有な有機物へと変化する（図2-7参照）．腐植物質は，カルボキシ基（$-COOH$）やフェノール性水酸基（$-OH$），アミノ基（$-NH_2$）といった官能基を多く含むため，たとえばカルボキシ基であれば，$-COOH$から H^+ が放出され，$-COO^-$ のような負電荷を生じる．土壌中に存在するカルボキシ基の多くは，おおむね酸性側で解離するので，通常の日本の土壌pH（約5～7）の範囲であれば，H^+ を放出してマイナスに帯電している．

3.1.2 電荷の量と分布

　ここまで説明してきたとおり，土壌中には主に2つの電荷のしくみが存在する．永久電荷は，鉱物の構造にのみ由来する負電荷である．一方，変異電荷は周囲のpH条件に依存してプラス（正電荷）になったり，マイナス（負電荷）になったりするものである．すでに述べたように，土壌中には電荷を発生する部位は数多く存在するが，正電荷の量と負電荷の量がつりあい，見かけ上，電荷がゼロになる点が存在する．それを電荷ゼロ点（pH_0）とよぶ（図3-3）．土壌のpHが電荷ゼロ点より低ければ，プラスに帯電した部位が相対的に多くなり，陰イオンの吸着部位がまさり，一方，土壌のpHが電荷ゼロ点よりも高ければ，マイナスに帯電した部位が相対的に多くなり，陽イオンの吸着部位（CEC；3.2.1参照）が増える．

　表3-1に各種鉱物や土壌の電荷ゼロ点を整理した．たとえば，有機物に富む黒ボク

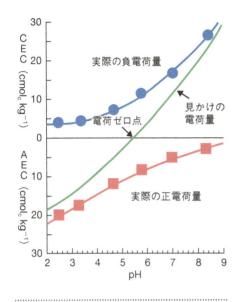

[図3-3] 土壌のpHと電荷量の関係[1]
供試土壌は厚層多腐植質黒ボク土，供試溶液は0.1 mol L^{-1}硫酸アンモニウム

[表3-1] 土壌中の鉱物および土壌の電荷ゼロ点[1~3]

鉱物種および土壌	電荷ゼロ点 (pH_0)
カオリナイト（1:1型）	3～4
アロフェン	5.5～7
ギブサイト	約9
鉄酸化物（ゲータイト, ヘマタイト）	8～9
鉄水和酸化物（フェリハイドライト）	約8
2:1型粘土鉱物	測定不能
鉄・アルミニウムの酸化物に富む熱帯強風化土壌	6～7
有機物に富む黒ボク土表層土	4～5
黒ボク土下層土	5～6
2:1型粘土に富む土壌	4以下

 土の表層土の電荷ゼロ点は4～5付近なので，土壌pHが5以上ならば，マイナスに帯電した部位が多く発現し，より多くの陽イオン吸着（後述）に寄与する．一方，土壌pHが4以下ならば，プラスに帯電した部位が多くなり，陰イオン吸着への寄与が相対的に大きくなる．

 また，風化の進んだ熱帯土壌では，層状ケイ酸塩鉱物が風化にともない少なくなり，代わりに風化産物である鉄やアルミニウムの酸化物（ヘマタイト，ゲータイト，ギブサイトなど）が多くなる．これらは変異電荷部位しか持たないうえ，電荷ゼロ点はいずれも8以上と非常に高い．したがって，熱帯土壌に多い酸性や弱酸性土壌では，電荷の多くがプラスに帯電し，植物の必須養分である，Ca^{2+}，Mg^{2+}，K^+などの陽イオン類を保持する能力は非常に低い．

 2:1型粘土鉱物は，変異電荷部位が相対的に少なく，電荷のほとんどが周囲のpHに影響しない永久電荷に起因しているため，電荷ゼロ点の測定はほぼ不可能である．

3.1.3 引き寄せあう現象（吸着）

 上記のようなしくみで帯電した部位では，相反する電荷をもつもの同士が引き寄せ

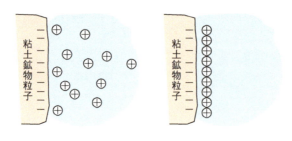

[図3-4] 粘土鉱物付近でのイオンの拡散状態（左）と吸着状態（右）

あう現象がみられる．これを吸着とよぶ．吸着とは，2つの異なる相が接触している境界面で，物質が濃縮される現象を指し（図3-4），境界を構成する相には固相，液相，気相の3種があり，土壌では主に固相と液相間でみられる現象である．さらに吸着の種類を大別すると，物理吸着，静電吸着，化学吸着がある．

物理吸着とは，電荷を伴わない分子間力による弱い吸着で，土壌では，無極性のガス（N_2など）の吸着や高分子有機物内で起こりやすい．静電吸着は，電気的に帯電した部位で発するもので，主に水和したイオンなどが相反する電荷をもつほかの成分に引き寄せられる現象をいう．化学吸着は，吸着相の表面で電子の受け渡しが行われ，イオンや分子間が強い化学的な結合を形成する現象を指し，収蔵ともいわれる．

3.2 保持される物質とその保持量

前節では，土壌中で物質保持機能を発揮する部位やそのしくみに焦点を当てた．本節では，保持される（吸着される）物質側に注目する．どんな物質が吸着されるのか，また条件によってその吸着量はどう変化するのかを学んでほしい．

3.2.1 交換性陽イオンと陽イオン交換容量（CEC）

先に述べたマイナスに帯電した鉱物表面や有機物の官能基上は，Ca^{2+}, Mg^{2+}, K^+, Na^+, NH_4^+, H^+, Al^{3+}などの陽イオンが静電的に吸着されることで中和される．これら静電的に吸着した陽イオンは，電気的に当量分だけほかの陽イオンと置き換わることができ，この交換可能なイオンのことを交換性陽イオンといい，その反応を陽イオン交換反応とよぶ．土壌が交換性陽イオンを保持しうる量を陽イオン交換容量（CEC：Cation Exchange Capacity）といい，NH_4^+やCa^{2+}などを用いて実験的に求め

Chapter 3 土壌が養分や物質を保持・受け渡しするはたらき

［表3-2］ pH 7の条件における陽イオン交換容量（CEC）の大きさ[4)]

陽イオン交換の担い手CEC	(cmol$_c$ kg^{-1})
カオリナイト（1：1型）	3～15
ハロイサイト（1：1型）	5～40
スメクタイト（2：1型）	80～100
バーミキュライト（2：1型）	100～150
雲母様鉱物（イライト）（2：1型）	10～40
アロフェン	15～40
腐植	100～250

られ（13章参照），その単位には，土壌1 kgあたりのcmol$_c$ kg^{-1}（センチモルチャージパーキログラム：土壌1 kgあたりに保持できる電荷の量（cmol$_c$））が用いられる．CECの測定方法は13章に詳述するが，一般にpH 7に調整された1 mol L^{-1}の酢酸アンモニウム溶液を用いて測定される．土壌に静電的に吸着されているすべての交換性陽イオンをNH$_4{}^+$で交換浸出させ，吸着部位のすべてを一旦NH$_4{}^+$で飽和させる．その後，再度K$^+$（1 mol L^{-1}の塩化カリウム溶液）を用いて吸着させたNH$_4{}^+$のすべてを交換浸出させて求めるという原理である．

　表3-2に，反応の担い手別のCECの測定値を示す．2：1型粘土鉱物のように電荷の発生源の多くが永久電荷に由来するものは，概してCECも高い．一方，1：1型粘土鉱物は，永久電荷が極めて少なく，結晶末端のわずかな変異電荷に電荷が由来するため，CECも低い．アロフェンや腐植の電荷も変異電荷に由来するものの，層状ケイ酸塩鉱物に比べ結晶に占める官能基数が多いこと，粒子サイズが小さく表面積が大きいことから，CECは大きな値を示す．測定値について注意すべき点は，これらの値はあくまでpH 7に調整された条件による値だということである．つまり，日本は，降雨量が蒸発散量よりも多く，土壌が洗脱作用を受けやすい．そのため，弱酸性から酸性付近（pH 5～6付近）の土壌が多く，変異電荷に由来する成分が多い土壌（低結晶性の粘土鉱物，酸化物，有機物が多い土壌など）では，pH 7で測定された値よりも，実際には小さなCEC値を示す，つまり測定値は過大評価していることがある．

　土壌中に存在する主な交換性陽イオンのうち，Ca^{2+}，Mg^{2+}，K$^+$，Na$^+$など，土壌をアルカリ側に移行させる性質をもつものを交換性塩基とよび，これらの電荷量がCECに占める割合を塩基飽和度とよぶ．図3-5の塩基飽和度のイメージ図において，左図は土壌粒子表面の負電荷がすべて交換性塩基由来の正電荷で占められた状態，い

29

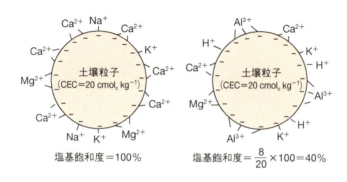

[図3-5] 交換性陽イオンの状態と塩基飽和度[5]

わゆる塩基飽和度100％の状態を示している．一方，右図は，交換性塩基由来の正電荷が40％を占め，残りの60％をH⁺やAl³⁺が占めた状態，いわゆる塩基飽和度40％の状態を示している．

吸着部位に存在する交換性陽イオン組成は，土壌溶液のイオン組成と平衡関係を形成する．したがって，土壌pHとも密接な関係があり，塩基飽和度が高い土壌ほど土壌pHは高くなる（図3-6）．一方，塩基飽和度の低い土壌ほど，土壌溶液中のH⁺やAl³⁺も多

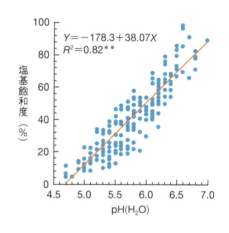

[図3-6] 土壌pHと塩基飽和度との関係[6]

くなり，土壌pHは低くなる．良質の畑土壌においては，一般的に塩基飽和度が70〜80％程度，各交換性塩基の比率は，Ca：Mg：K：Na＝70〜80：15〜25：5：5程度である．このほか，硫安などの化学肥料を施用した畑土壌では，NH_4^+が多量に供給され，水田や湿地など還元環境を発達させる土壌では，Fe^{2+}，Mn^{2+}，NH_4^+などが生成する．また，森林土壌では一般的に，斜面上部から下部に向かい水やイオンなどの溶質成分の流出プロセスが起こるため，斜面上部では塩基飽和度が低く，下部に向かうにつれて塩基飽和度は高くなる．

陽イオン間における吸着される力の違いは，イオンの性質と吸着場の種類によって

異なる．ただし，おおむね一般的には，価数の大きいイオンの方が小さいイオンよりも強く吸着され，同じ価数のもの同士であれば水和半径が小さいものの方が吸着されやすい．通常，吸着されやすさは以下のような序列になる．

$H^+ > Al^{3+} > Ba^{2+} > Ca^{2+} > Mg^{2+} > Cs^+ > Rb^+ > K^+ ≒ NH_4^+ > Na^+$

しかし，特異的な例として，2：1型粘土鉱物であるバーミキュライトは，K^+やNH_4^+に対する選択性が極めて高いことで知られている．これは両者の正負の電

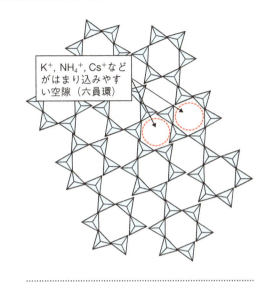

［図3-7］バーミキュライトのケイ素四面体層を上から見た模式図

荷の関係に加え，バーミキュライトのケイ素四面体層に規則正しく形成される空隙（六員環）に起因している．この空隙の大きさが，イオン半径が大きく，脱水和を起こしやすいこれらのイオンのおさまりやすさを生み出し（図3-7），結果的に粘土の層間にきれいに挟み込まれるように吸着してしまう（図3-8：図3-7に示した平面構造が積み重なったときに横から見た模式図）．これを陽イオン固定といい，同様の反応は，セシウム（Cs^+）やルビジウム（Rb^+）でも起きる．福島第一原発事故による放射能汚染問題でたびたび取り上げられる放射性Csの土壌への特異的な吸着は，このような機作が背景にある．

3.2.2 陰イオン吸着と陰イオン交換反応

土壌中では負電荷の方が優勢だが，層状ケイ酸鉱物末端の水酸基（Al–OH），アロフェン，鉄やアルミニウムの酸化物や水和酸化物表面の水酸基などは，変異電荷に由来した正電荷を生じることがある．すなわち，3.1.1で述べたとおり，通常の土壌pH（pH 5〜6）ではH^+を取り込み，$Al–OH_2^+$や$Fe–OH_2^+$といった正電荷を生じる．H^+を保持することによって生まれる電荷なので，より酸性環境になるほど正電荷量は増大する．

また，こういった場には，Cl^-，NO_3^-，SO_4^{2-}，H_2PO^-，HPO_4^{2-}などの陰イオンが

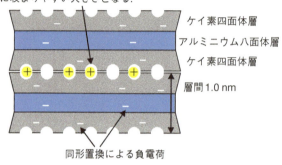

[図3-8] バーミキュライト表面上で起きるイオン吸着（イオン固定）の模式図（その1）

吸着され，陽イオン同様にほかの陰イオンで交換される陰イオン交換反応が起きる．陰イオン交換容量（AEC：Anion Exchange Capacity）は，CECよりはかなり小さいのが一般的であるが，火山灰土（黒ボク土）で生成される粘土鉱物のアロフェンは，比較的AECが高い．また，熱帯のように風化が進んだ環境では，2：1型層状ケイ酸塩鉱物が少なくなるため，CECに対し相対的にAECが高くなることもある．

ちなみに，陽イオン間の関係と異なり，陰イオン間では吸着の選択性の違いが比較的大きく，Cl^-，NO_3^-に比べSO_4^{2-}，H_2PO^-，HPO_4^{2-}の選択性がかなり高い．特にリン酸（H_2PO^-，HPO_4^{2-}）は，次節で詳述するように，アロフェンや鉄，アルミニウムの酸化物や水和酸化物表面に存在する水酸基由来の正電荷に強く吸着され，難溶化しやすく，先に述べた化学吸着に相当する．

3.2.3 強固に保持される反応

イオンは通常，決まった数の水分子が周りを取り囲み，水和イオンの状態で存在する．そのような状態が，吸着部位でのほかのイオンとの交換反応を容易にする要因ともなっている（図3-9）．水分子が周囲に介在した水和イオンが起こす吸着形態を外圏型錯体とよぶ．一方，3.2.1で紹介したバーミキュライト末端部のケイ素四面体上の空隙への強固なK^+やNH_4^+，Cs^+のイオン交換反応のように，水分子を介在させないイオンの吸着形態を内圏型錯体とよぶ．ほかにも後述するリン酸の化学吸着反応のよ

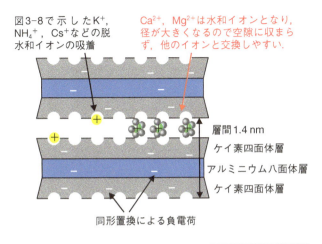

[図3-9] バーミキュライト表面上で起きるイオン吸着の模式図（その2）

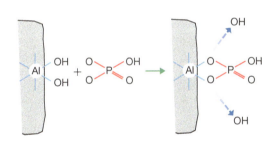

[図3-10] アルミニウム水酸化物上でのリン酸イオンの配位子交換反応による吸着の模式図

うな配位子交換反応とよばれる強固な反応も内圏型錯体の一種である．

　内圏型錯体はこのとおり，イオン交換反応型と配位子交換反応型の2つに大別されるが，どちらも強固な吸着を示す．配位子交換反応型の例として，アルミニウムの酸化物や水和酸化物表面に存在する活性な水酸基上でおこるリン酸イオンの吸着反応を図3-10に示した．鉱物中のアルミニウムに配位した水酸基とリン酸イオンが配位子交換反応で入れ替わり，リン酸イオンの酸素がアルミニウムと直接強固な共有結合で結ばれる．この反応は，ひとたび結合が形成されると，硝酸イオンや硫酸イオンなどのほかの陰イオンとはほとんど交換反応が起きない．リン酸による配位子交換反応は，アロフェンや鉄，アルミニウムの酸化物や水和酸化物を多く含む土壌（黒ボク土や風

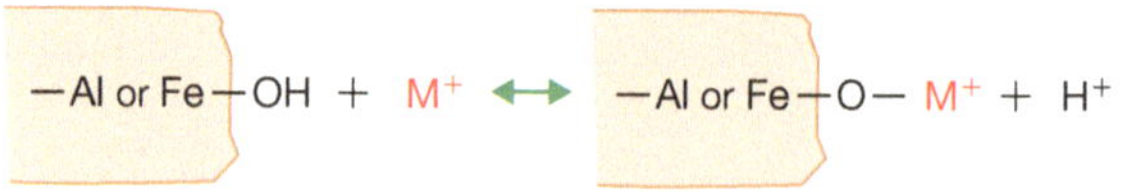

$$-Al\ or\ Fe-OH + M^+ \longleftrightarrow -Al\ or\ Fe-O-M^+ + H^+$$

[図3-11] 金属酸化物表面の水酸基へ吸着する重金属
M^+ は重金属陽イオン

化が進んだ熱帯の赤色土など)において起こりやすく,農地に施用したリン酸肥料が作物に利用されにくい問題の原因にもなっている.

銅(Cu^{2+}),鉛(Pb^{2+}),亜鉛(Zn^{2+}),ニッケル(Ni^{2+})などの重金属イオンは,アルカリ金属類(Na, K, Cs)やアルカリ土類金属類(Ca, Sr, Ba)のイオンと比べ,変異電荷特性をもつ水酸基との親和性が非常に高く,内圏型錯体を形成しやすい.酸化物や水和酸化物表面の水酸基で起こる重金属類の化学吸着の様子を図3-11に示した.水酸基中のH^+が

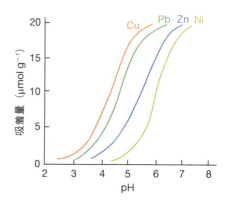

[図3-12] ゲータイト表面における重金属の吸着量とpHとの関係[7]

追い出され,重金属陽イオンと置き換わる化学吸着である.その反応性は図3-12に示すように,周辺pHの上昇にともなって各種重金属の吸着量は増大し,逆に,周辺pHが低くなると重金属イオンの可動性が高くなる.

また,これらの重金属類は,酸化物のような結合相手がいない場合であっても,水分子内の−OHと反応しやすい性質(加水分解反応)を示す.重金属イオンは,水分子上のマイナスに帯電した酸素原子側を強く引き付けるように結合し,代わりにH^+を追い出して金属水酸化物を形成する.つまり,水分子をH−OHと記すと,

$$H-OH + M^+ \rightleftharpoons H-O-M + H^+$$

のように表現できる.この反応も図3-12に示した酸化物表面における金属イオン吸着量とpHの関係に類似している.すなわち,アルカリ環境(高pH)下では,過剰に存在するOH^-イオンを中和しようとするため,金属イオンがそれらを取り込んで水酸化物を生成する.反応がさらに進んで,金属イオンが持つ価数相当分のOH^-イ

Chapter 3 土壌が養分や物質を保持・受け渡しするはたらき

オンが取り込まれると，正負の電荷量が相殺され沈殿を生じるようになる．一方，酸性環境（低pH）下では，過剰に存在するH^+を酸化物表面の水酸基が取り込もうとするうえ，金属水酸化物の生成自体も抑制されるため，土壌溶液中に重金属イオンが存在しやすくなる．

このように重金属イオンは，一般的なイオン交換反応のようなほかのイオン類との交換反応は起きにくい．重金属汚染土壌の浄化が極めて困難でコストがかかるのもこのような強い吸着反応が存在するからである．

3.3 物質の保持・放出機能がはたらく現場

ここまで説明してきた物質保持機能は，実際の土壌の中ではどのように演じられているのだろうか．いくつかの具体例を挙げながらおさらいしていきたい．

3.3.1 植物の根による養分吸収

植物が吸収できる養分イオンは，土壌溶液中に溶けているイオンと，粘土鉱物や有機物に保持されているイオンである．植物の養分吸収に関する詳細は植物生理学などの成書に譲るとして，大まかに説明すると，前者は，植物が根から水分を吸収する際にその流れの中で容易に吸収できるイオンである．後者は，静電吸着や化学吸着を形成しているものであり，そのままでは吸収できない．しかし，図3-13に示すとおり，根自体もマイナスに帯電しており，その表面には多くのH^+を保持（静電吸着）している．根の表面が鉱物表面のCa^{2+}やK^+などの養分イオンに近づくと，電荷の当量分だけH^+を受け渡して，根表面に養分イオンを引き寄せることができる．その反面，土壌鉱物表面側には，H^+が多く集まることにより，土壌の酸性度が高まることになる．

土壌中に強固に吸着したリン酸を植物が吸収する機構については，マメ科植物のルーピンやキマメなどの例がわかりやすい．ルーピンは，低リン酸環境下に晒されると，根から有機酸の一種であるクエン酸を分泌し，クエン酸-リン酸錯体として溶解させることができる（キマメはピシジン酸）．このほかにも，ラッカセイは根からの分泌物以外にも，根表面の構造中に，FeやAlといったリン酸を難溶化させる3価の金属陽イオン類と直接的に錯体を形成することで，リン酸を可溶化させる能力をもっている．

35

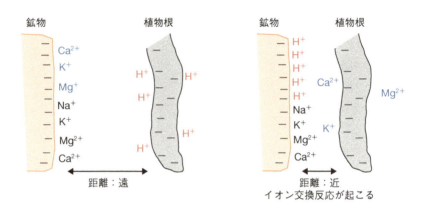

[図3-13] 土壌鉱物表面と植物根表面間での養分イオンの受け渡しの様子

3.3.2 土壌粒子の分散と凝集現象

　水たまりや川が濁っている光景，濁った河川水が海に近づくにつれて澄んでいく様子を見たことがあるだろう．実は，この現象にも土壌粒子，特に粘土鉱物の帯電状態が関与している．マイナスであれプラスであれ，同種の電荷に帯電した粘土粒子同士は，お互いに反発しあうため水溶液中で分散する．それが水の濁りの原因である．濁った河川水が海に近づくケースで考えると，マイナスに帯電した粘土鉱物粒子（層状ケイ酸塩など）が，Na^+を大量に含んだ塩水と遭遇すると，相反する電荷が消失し中和される．電気的な大きな反発力を失った粒子は，次にファン・デル・ワールス力という分子間に作用する小さな引力が働くようになり，凝集が起き始めるのである．

3.3.3 汚染物質の吸着と無害化

　土壌で問題になることが多い有害重金属を挙げると，鉛（Pb），ヒ素（As），カドミウム（Cd），銅（Cu），水銀（Hg），クロム（Cr），アンチモン（Sb）など，実に多岐にわたる．農薬などの有機化合物と異なり，微生物作用による分解で無害化できないことが対策の難しさ，コストの大きさにつながっている．

　一般的に，層状ケイ酸塩鉱物が生み出す永久電荷による陽イオン交換能は，重金属類も含め，イオン間の吸着選択性が小さいのが特徴である．したがって，重金属類の吸着でもっぱら問題となるのは，pH依存性の高い変異電荷部位で起きる強固な吸着反応や，水酸化物を形成しようとする加水分解反応である．図3-14には，アルミニウムや鉄の水酸化物表面の水酸基上で重金属イオンが直接酸素原子に結合する模式図を

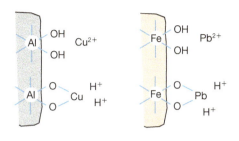

[図3-14] アルミニウムおよび鉄水酸化物への重金属イオン（銅，鉛）の吸着の様子

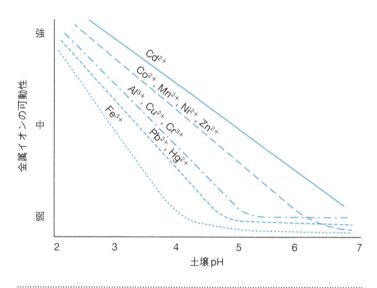

[図3-15] 重金属イオン類の可動性とpHとの関係[8]

示した．これら表面水酸基は，pHが高くなるほど重金属イオンと結合しやすくなる．以下で述べるようなカドミウムの水酸化物形成も同様で，カドミウムは,pHが高くなるほど溶液中に過剰に存在するOH$^-$イオンを取り込もうとする．

　重金属イオン類の可動性とpHの関係を図3-15に示す．いずれの重金属イオンも低pHで可動性，つまり溶存性が高くなり，高pHでは，水酸基上に吸着されたり，水酸化物の沈殿を形成して可動性が低下する．

　イタイイタイ病は，日本の四大公害病の1つとされている．鉱山製錬の際の廃棄水

に含まれていたカドミウムが河川に流れ込み，イネや野菜，魚などの水産物，そして飲用水を汚染することで人の健康への甚大な被害につながった．日本の公害史の中でも最も激甚な公害問題である（7章にて詳述）．カドミウムは，加水分解反応を起こしやすい重金属であり，OH^-イオンを取り込んで水酸化物（水酸化カドミウム：$Cd(OH)_2$）を形成しやすい．重金属の水酸化物は，前述のとおり，pHが上昇して土壌溶液中のOH^-イオン濃度が上昇するにしたがい生成しやすくなるのだが，日本の土壌は，一般的に酸性土壌であるため，カドミウムは土壌中で可溶化しやすい傾向にある．図3-15にも示したように，カドミウムはほかの重金属類と比べても可溶化しやすいのが特徴である．

［文献］

1. 松中照夫 (2003)『土壌学の基礎：生成・機能・肥沃度・環境』農文協, p.130.

2. 櫻井克年・田中樹 (2001)「熱帯の台地土壌とその生産力評価」, 久馬一剛編『熱帯土壌学』名古屋大学出版会, p.111-156.

3. McBride, M. B. (1989) Surface chemistry of soil minerals, Dixon, In: J. B. and Weed, S.B. eds., *Minerals in soil environments*. Soil Science Society of America, p.35-88.

4. 久馬一剛 (2005)『土とは何だろうか？』京都大学学術出版会, p.73.

5. 髙橋正 (2005)「土壌のpH」, 三枝正彦・木村眞人編『土壌サイエンス入門』文永堂出版, p.130.

6. 松中照夫 (2003)『土壌学の基礎：生成・機能・肥沃度・環境』農山漁村文化協会, p.127.

7. 山口紀子 (2003)「土壌コロイドが誘発する沈殿現象」足立泰久・岩田進午編著『土のコロイド現象：土・水環境の物理化学と工学的基礎』学会出版センター, p.412.

8. Kabata-Pendias, A. (2000) *Trace elements in soils and plants, third edition*. CRC Press, p.37.

土壌生態系と物質循環

　ある一定区域に存在する生物群集と，それらをとりまく無機的環境をまとめて，閉じた1つの系とみなすとき，それを生態系とよぶ．土壌は必ずしも閉じた系ではないが，各種の動物，植物，微生物が生活し，これらの生物は互いに関連しあうと同時に，周囲の無機的環境とも密接な関係を保っている．そこで，土壌中の各種生物と無機的環境要素とを1つにまとめて**土壌生態系**（soil ecosystem）として扱うことがある．本章では，土壌生態系を舞台とするエネルギーや物質の流れに注目しよう．

4.1 土壌生態系の役者

　土壌生態系を構成する生物たちは，**生産者・消費者・分解者**に分けられる．生産者とは植物や藻類などの光合成を行う生物のことで，太陽の光エネルギーを利用し二酸化炭素から炭水化物を合成する．消費者には，生産者が合成した炭水化物を捕食する草食動物・肉食動物・土壌動物が含まれる．そして有機物を無機物へと変える土壌中の生物が分解者である．これらの生物たちが食物網を形成し，土壌におけるエネルギーの流れ，および物質の循環を生み出している．

　農耕地土壌を含む農業生態系には，①作物が圧倒的優占種，②雑草や病害虫が排除され生物の構成種が少なく構造が簡単，③複雑な食物網が存在しない，④物質循環は開放的，などの特徴がある．

4.2 エネルギーの流れ

　土壌生態系におけるエネルギーや物質の流れは，図4-1のようにモデル化される．
　エネルギーの流れの最上流は太陽である．太陽の光エネルギーが植物や光合成微生物によって有機物として化学エネルギーに変換され，その一部は呼吸によって熱として消費され，大気中に放出される．植物体の有機物の一部は，動物に食べられ，残りは落葉や落枝として土壌に加えられる．動物体に移った有機物の一部は呼吸によって

熱に変換され，大気中に放出され，残りは動物の排泄物や遺体となり，土壌に加えられる．土壌に加えられた動植物由来の有機物は，土壌動物と土壌微生物によって分解され，一部は土壌有機物として土壌に残るが，そのほとんどが二酸化炭素と無機塩に分解され，そのエネルギーは熱として放出される．

物質の流れは元素ごとに異なる．次節以降では，生態系を構成する主要な元素である炭素・窒素・リン・イオウの流れ（循環）を見ていこう．

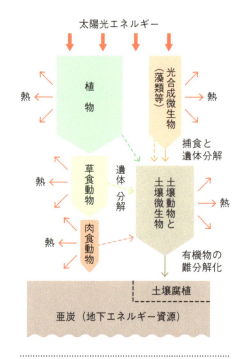

[図4-1] 土壌生態系におけるエネルギーの流れ[1]

4.3 炭素の循環

図4-2は，地球規模での炭素の循環を見たものである．この図中の数値は研究者によって必ずしも一致しないが，オーダーとしてはみなほぼ似た値を算出している．本章では，WeilとBradyによるデータ[2]を示している．

土壌中には3,000〜4,000 Pg（$=10^{15}$ g）の炭素が貯留されており，これは植生（620 Pg）と大気中（790 Pg）の炭素ストックを合わせた量の2倍近い値である．また，化石燃料の燃焼により毎年10 Pgの炭素が大気に放出されているが，土壌からも土壌有機物の分解などにより毎年2.5 Pgの炭素が消失し，そのうちの2 Pgの炭素が大気に放出されている．

土壌中に有機物として貯留されている炭素量は大気中の炭素量と比較しても多量であるため，小さな割合の増減でも，地球の炭素循環に大きく影響することが認識されるだろう．

一方，袴田ら[3]は，世界の化石燃料燃焼に伴うCO_2の発生量は1950年以降急増し，1850〜1990年の総炭素排出量は230 Pgと推定している．また，先史時代土壌中の有機炭素量は総計約2,000 Pg存在し，現在では約1,500 Pgと推定されることから，土地利用の変化によって500 Pgの炭素が大気へ放出されたと推定している．過去人類が

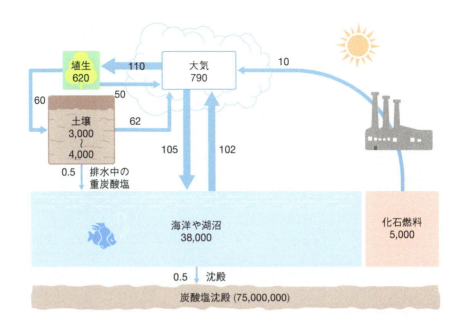

[図4-2] 地球規模での炭素の循環[2]

単位はPg，ボックス内の数値はそれぞれの炭素プール内の炭素ストックを示し，矢印の横の数字は，年間の炭素フラックスを示す．

消費した化石燃料総量から発生したと考えられるCO_2の2倍近くのCO_2を，土地利用変化にともなって大気へ放出させたと試算しているのである．土壌中の炭素を適正に管理することが地球温暖化緩和に有効であると考えられる．

実際の農地での炭素循環はどのようになっているか，アメリカの温帯地域でのトウモロコシ畑での炭素循環を例に見てみよう（**図4-3**）．17,500 kg ha^{-1}のトウモロコシが生産され，そのうち7,500 kg ha^{-1}は炭素で植物体としてトウモロコシ中に固定される．7,500 kg ha^{-1}の炭素は，飼料用収穫物（子実），収穫残渣，根にそれぞれ2,500 kg ha^{-1}ずつ分配される．

この例では，動物が飼料用収穫物から150 kg ha^{-1}の炭素を取り込む．また，もともと収穫物中に含まれていた炭素の半分に相当する1,250 kg ha^{-1}が大気に放出される．残りの1,100 kg ha^{-1}は堆きゅう肥として土壌に供給される．

土壌には堆きゅう肥として1,100 kg ha^{-1}，収穫残渣として2,500 kg ha^{-1}，根として2,500 kg ha^{-1}の有機炭素が還元されるが，その一部は土壌動物や土壌微生物によって分解されるため，土壌に貯留する炭素量は1,475 kg ha^{-1}となる．一方で，土壌の表

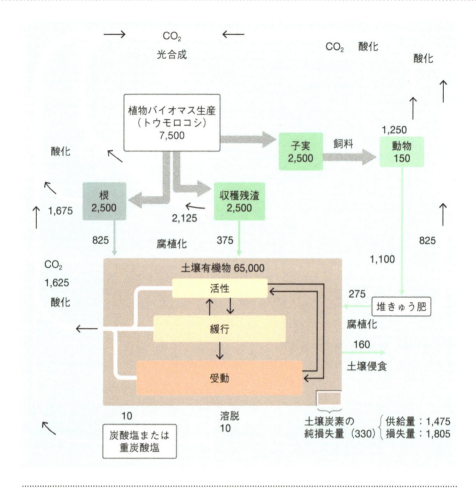

[図4-3] **農業生態系での炭素循環**[4]
単位はkg ha^{-1}．ボックス内の数値はそれぞれの炭素プール内の炭素ストックを示し，矢印の横の数字は，年間の炭素フラックスを示す．

層30 cmには65,000 kg ha^{-1}の有機炭素が蓄積するが，分解などにより，1,805 kg ha^{-1}の炭素が流出している．この土壌からは正味年間330 kg ha^{-1}の炭素が減少している．

　地球温暖化緩和や地力維持を考えた場合，分解量よりも多い有機質資材を施用するか，有機炭素の分解や侵食などを抑える土壌管理技術の確立が必要となる．

　土壌有機物の蓄積量はさまざまな要因によって決まるが，温度と水分は特に重要である．水田条件と畑条件において，温度が土壌有機物の蓄積に及ぼす影響の模式図を図4-4に示す．

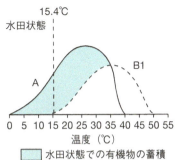
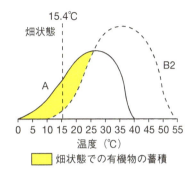

[図4-4] 温度と土壌水分条件の違いが，土壌有機物の蓄積に及ぼす影響[5]
15.4℃は東京の年平均気温

　水田と畑のいずれにおいても，植物による有機物生産量は温度に対して同様の変化を見せる．すなわち，生産量が最大になるのは温度が20〜25℃のときで，温度の低下（上昇）とともに生産力が落ち，低温や高温でほぼゼロになる．

　一方，微生物による分解量は約7℃以上で温度上昇とともに増加し，30〜35℃でピークを迎える．ただし，水田と畑とで温度に対する反応の大きさが異なり，同じ温度で比較した場合，畑の方が分解量が大きい．水田のような嫌気的環境では，微生物の活動が制限されることがわかる．

　植物による合成量と微生物による分解量を比較してみよう．有機物の蓄積量が最大になる温度は，畑では約15℃で，水田では15〜20℃の間と推定できる．また，畑では，25℃以上で微生物による分解が植物の合成を上回って，土壌有機物量が減少するが，水田では，土壌有機物が増加する傾向にある．

4.4 窒素の循環

　土壌における窒素の循環を図4-5に示す．土壌では微生物を介して，窒素固定作用（nitrogen fixation），アンモニア化成作用（ammonification），硝化作用（nitrification），脱窒作用（denitrification），有機化作用（immobilization）による窒素の形態変化が起こっている．

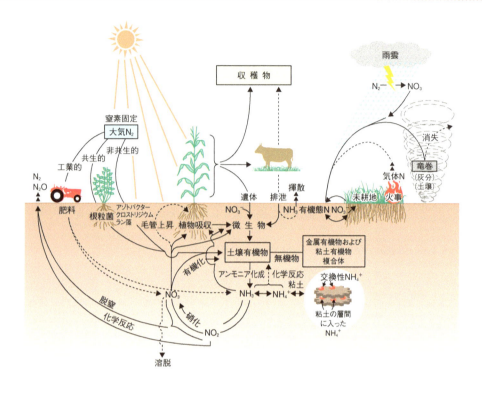

[図4-5] 土壌における窒素の循環[6]

4.4.1 窒素固定作用

　窒素ガス（N_2）は大気の78%を占めるが，化学的に不活性であり，ほとんどの生物にとって，利用可能な窒素源ではない．大気中のN_2ガスの一部は，稲妻などの空中放電によって酸化され硝酸（HNO_3）になり地上へ降り注ぐが，多くは窒素固定菌（nitrogen fixers）により，アンモニア（NH_3）に還元され土壌系に入る．NH_3は植物体内でアミノ酸やタンパク質などの有機態窒素になる．以上が窒素固定作用のプロセスである．窒素固定に関与する微生物には，マメ科植物と共生する根粒菌の*Rhizobium*や*Bradyrhizobium*や，そのほかにも表4-1に挙げたものなどがある．

4.4.2 アンモニア化成作用

　動植物遺体や微生物遺体として土壌に還元されたタンパク質や核酸などの有機態窒素化合物は，大部分の従属栄養微生物や土壌生物により加水分解され，アミノ酸を経

Chapter 4 │ 土壌生態系と物質循環

[表4-1] 代表的な窒素固定生物[7]

単生窒素固定生物	好気性生物	Azotobacter, Beijerinckia	従属栄養菌
		Anabaena, Nostoc	シアノバクテリア
		Alcaligenes, Thiobacillus	化学合成独立栄養菌
	微好気性生物	Azospirillum, Klebsiella	従属栄養菌
	嫌気性生物	Clostridium, Desulfovibrio	従属栄養菌
		Rhodospirillum など	光合成菌
		Methanosarcina	メタン生成アーキー
協調的窒素固定生物		Azospirillum	イネ，コムギなどの根圏に生息
共生窒素固定生物		Rhizobium, Bradyrhizobium	マメ科植物と矯正する根粒菌
		Frankia	ハンノキなどの非マメ科植物と共生
		Anabaena	蘚苔類やシダ植物のAzollaと共生するシアノバクテリア
		Gluconobacter, Azospirillum, Herbaspirillum, Clostridium	エンドファイト（サトウキビ，イネなどに生息）
		Treponema	シロアリの腸内に生息

て脱アミノされアンモニウムイオン（NH_4^+）まで分解される．この過程をアンモニア化成作用という．

4.4.3 硝化作用

　土壌中に放出されたNH_4^+は硝酸化成細菌（nitrifier，硝化菌ともいう）により硝酸イオン（NO_3^-）へと酸化される．この過程を硝化という．硝化は通常，アンモニア酸化過程と亜硝酸酸化過程の2段階を経る．まずアンモニア酸化過程では，*Nitrosomonas*，*Nitrosovibrio*，*Nitrosolobus*などのアンモニア酸化細菌・亜硝酸菌によりNH_4^+が亜硝酸イオン（NO_2^-）に酸化され，亜硝酸酸化過程で*Nitrobacter*，*Nitrospina*などの亜硝酸酸化細菌・硝酸菌によりNO_2^-がNO_3^-に酸化される．

　通常の土壌では，アンモニア酸化過程よりも亜硝酸酸化過程の方が速やかに行われ，土壌中に亜硝酸が蓄積することはほとんどない．しかし，ハウス土壌などで硝酸濃度が高くなりpHが低下すると，亜硝酸酸化細菌の活動が低下し亜硝酸が蓄積するようになる．さらに土壌のpHが5程度より低下した状態では，蓄積した亜硝酸の一部が二酸化窒素（NO_2）ガスとして放出されることがある．NO_2ガスは作物や人体に悪影響を及ぼすことがある．

　土壌中で硝化作用に貢献しているのは，主に独立栄養細菌であると考えられていて，

45

Part 1 | 土壌の性質と環境

一般に，硝化菌は環境条件の変化に敏感で，硝化作用の旺盛な土壌は健全であるとされている．

4.4.4 脱窒作用 （$NO_3^- \to NO_2^- \to N_2O \to N_2$）

条件的嫌気性細菌である脱窒菌や多くの糸状菌により，$NO_3^- \to NO_2^- \to N_2O \to N_2$ と還元され大気に放出される．環境中に NO_3^- や NO_2^- が大量に存在すると，水質汚濁などの問題につながる．そのため微生物による脱窒作用は，環境保全対策の視点からも注目されている．また，N_2O は CO_2 の296倍もの温室効果があるガスとして注目されているが，水田や湿地の土壌から，この脱窒の過程で発生することがある（6.1.2 参照）．特に，還元状態ではあるが，土壌中の水分が少なめの条件で N_2O ガスが発生することがある．

4.4.5 有機化作用

大部分の有機栄養微生物が関与し，NO_3^- や NH_4^+ といった無機態窒素がアミノ酸へと有機化される過程である．この過程で無機態窒素が生物体に固定される．

4.5 リンの循環

リンは，化石燃料同様に地球上で偏在性の極めて高い鉱物資源（モロッコ，西サハラ，中国，米国，ロシア）である．しかし，その一方，食料生産や工業生産には欠かせない元素であり，1900年代中頃よりリン鉱石を採掘し利用するようになって以降，リンは地球上で人類が最も拡散させてしまっている元素のひとつになった（**図4-6**）[8]．リンはその循環過程において，炭素や窒素とは対照的に大気中を介する成分がほとんど存在しないのが特徴である．また，多くの成分が土壌中では強く吸着されてしまい移動しにくい．特に火山灰土壌が広く分布する日本では，リンを強く吸着するアロフェンやイモゴライトといった火山噴出物に由来する成分が広く分布しているため，作物生産においては，リンの存在量よりも，むしろ生物への可給性の高い画分やその存在量を知ることの方が重要になる．

図4-7に土壌におけるリンの循環を示す．

土壌中におけるリンの形態には，各種有機態リン酸，無機態リン酸およびバイオマスリン（植物体内，土壌微生物体内）がある．土壌微生物は，難溶性無機態リン酸溶解促進や，微生物体内へのリンの吸収・細胞構成有機態リンの合成，有機態リンの分

Chapter 4 土壌生態系と物質循環

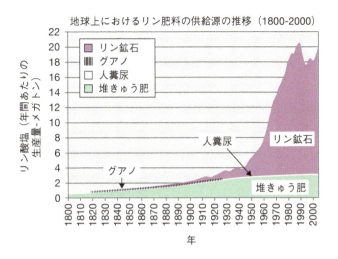

[図4-6] 地球上における各種リン肥料の使用量の推移（1800-2000）[8]

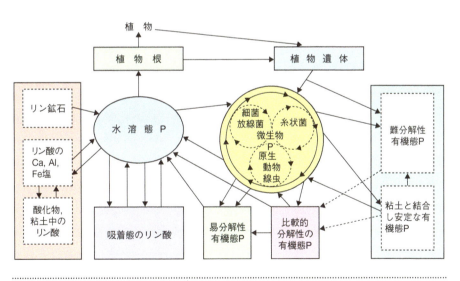

[図4-7] 土壌中におけるリンの循環[6]

解とそれに伴うリン酸の生成など，リン循環に大きな役割を果たしている．

4.6 イオウの循環

イオウは炭素や窒素と同様に，大気を介して，水や土壌，生物相の中を循環しているダイナミックな元素である．土壌中では主に無機態の硫酸イオンが植物に吸収され，植物体内の還元反応により硫化物イオン，そしてシステインやメチオニンなどの必須アミノ酸として同化され，さらにタンパク質などに変化する．また，水田や湿地など嫌気環境下では，土壌中の硫酸還元菌によって硫酸イオンが硫化水素に還元される．一方，動物は硫酸イオンを還元することができないため，植物体中の含硫アミノ酸などを摂取して利用し，利用後は排泄物の形で土壌へ戻している．しかし，現代においては，化石燃料の大量消費にともなって大気中に多量のイオウ化合物が放出されている．これらは世界的な環境問題の1つにもなった酸性雨を引き起こしたことはよく知られている．

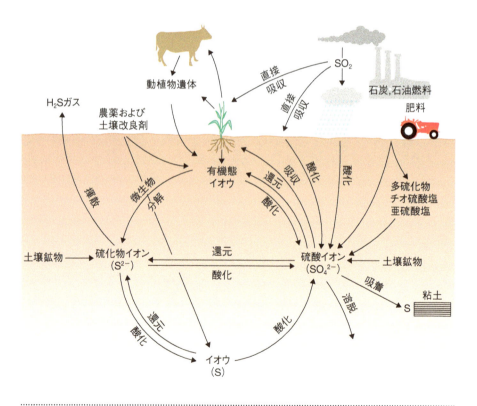

[図4-8] 土壌中におけるイオウの循環[6]

図4-8に土壌におけるイオウの循環を示す．イオウの形態変化には，下記のものがある．

① 無機化（mineralization）：有機イオウ化合物の構成成分への分解
② 同化（assimilation）：無機イオウ化合物の細胞成分への取り込み
③ 酸化（oxidation）：還元型無機イオウ化合物の酸化
　S^{2-}は水田や湖沼，海底のような還元状態の土壌中ではパイライト（FeS_2）として安定して存在していることがある．このパイライトが酸化状態におかれると，イオウ酸化細菌によりSO_4^{2-}が生じて，土壌が酸性化する．
④ 還元（reduction）：酸化型無機イオウ化合物の還元

4.7 土壌有機物の分解

土壌中での有機物の分解は，土壌微生物が産出する土壌酵素によって反応が進行していく．土壌中での有機物の分解を見る前に，コンポスト（堆肥）での酵素の動きを見てみよう．

4.7.1 コンポスト化（堆肥化）過程

コンポストとは，稲わらなどの植物遺体や家畜ふん尿などを堆積し，好気的に発酵させたものである．土壌の改良や地力維持を目的に施用される．

コンポストの生成過程における酵素，有機成分および微生物数の変化を図4-9に示す．

コンポストの各成分は，各種酵素によって分解される．その分解の激しさに応じて，コンポストの温度は大きく変化する．分解反応が盛んで

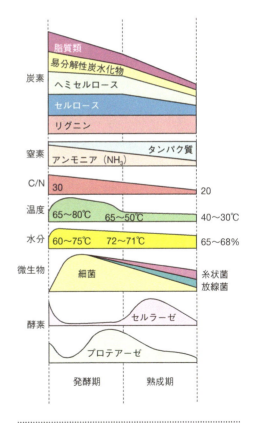

［図4-9］コンポスト化過程における有機成分，微生物および酵素活性の変化[9]

Part 1 | 土壌の性質と環境

コンポストの温度が高い時期を発酵期，反応が落ち着き温度の低下する時期を熟成期とよぶ．ただし，すべての酵素が発酵期に活性化するわけではない．以下，いくつかの酵素について個別に見ていく．

植物がもつセルロースはセルラーゼという酵素によって分解されるが，コンポスト中のセルラーゼは，温度が上昇する発酵期には活性を失う．発酵期に，植物遺体は高温で蒸され組織が膨張し柔らかくなるため物理的に弱くなるが，セルロースやヘミセルロースはほとんど分解されない．セルロースが分解され始めるのは，温度が低下してセルラーゼの活性が回復する熟成期である．

一方，コンポスト中のプロテアーゼ活性は，発酵期の初期段階で一時減少するがただちに回復し，発酵期の後半には最大に達する．

温度が低下する熟成期になるとセルラーゼ活性が著しく増加し，それと対照的にプロテアーゼが減少する．すなわち，熟成期では植物遺体の骨格を形成するヘミセルロースやセルロースなどの高分子の炭水化物が分解される．するとそのエネルギーを使って微生物の菌体が合成される．

4.7.2 土壌に添加した有機物の分解

次に，土壌に添加された有機物分解のスピードを決める要因について考えてみよう．土壌に供給された有機物が土壌微生物によって分解されると，窒素態有機物がアンモニアとして放出されるのは前述のとおりである（4.4参照）．有機物が供給されてからアンモニア態窒素として放出されるまでの時間は，有機物に含まれる炭素と窒素の含量の比（C/N比）によって決まることが知られている．

C/N比が有機物分解を決めるしくみは以下のとおりである．微生物は，有機物を分解する際，有機物中の炭素の大部分をエネルギー源として用いて菌体を合成し，増殖する．C/N比が20以上の有機物が土壌に添加された場合，土壌微生物はその有機物を基質として利用するが，菌体のC/N比は5～10であるため，増殖して菌体を合成するには炭素に比べて窒素が不足する（炭素が余る）．そこで，窒素の不足分の補填として土壌中の無機態窒素を利用するため，土壌中の無機態窒素は減少してしまう．

図4-10に，C/N比が高い有機物を土壌に添加したときの分解過程における土壌中の硝酸量の変化を示した．有機物のC/N比が大きいほど，土壌中の無機態窒素は減少し，場合によっては土壌中の無機態窒素が無くなってしまうことがある．この現象を窒素飢餓といい，この土壌で生育する植物は養分として土壌の窒素を利用できなくなる．窒素を巡って，土壌微生物と植物の競合が起きる．しかし，有機物の分解が進み，

50

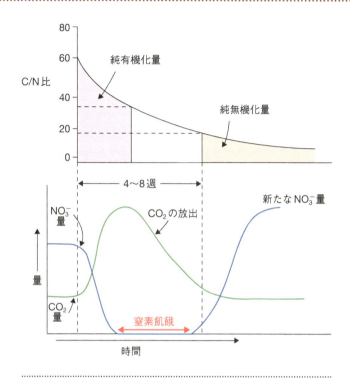

[図4-10] **C/N比が高い有機物を土壌に施用したときの土壌中の硝酸量の変化**[10]

炭素が二酸化炭素として土壌系外に放出されると，今度は相対的に窒素が余るようになり，無機態窒素として土壌中に放出されるようになる．

投入される有機物のC/N比により窒素無機化は異なり，以下のような3類型に分けることができる．

① C/N比が20程度までの有機物

有機態窒素の無機化は短期間で終了する．特にC/N比が10程度以下の有機物の無機化は10日間程度で完了する．短期分解型．

② C/N比が20～30程度の有機物

有機態窒素の無機化はゆっくりと進行する．基本型．

③ C/N比が30程度を越える有機物

少なくとも施用後30日間くらいは有機態窒素の無機化が行なわれず，むしろ土壌の無機態窒素の有機化が進行し，その後徐々に無機化していく．長期分解型．

4.7.3 土壌中での有機物の分解を支配する温度と水分

　陸上生態系は言うまでもなく，地上部と地下部が健全な物質循環を構築してこそ成り立つ．地下部である土壌生態系の物質循環の担い手として，主に植物や土壌動物，土壌微生物などの生物相の活動が重要である．中でも有機物を分解するという最も重要な役割を担っているのが土壌微生物である．土壌中からは，二酸化炭素やメタンなどが絶えず大気中に放出されている．これは土壌中の有機物を微生物が消費している証拠である．微生物は，植物が取り込み土壌中に固定した有機物を分解し，炭素を大気中に還元しているのである．

　図4-11は，森林の土壌からの二酸化炭素発生量（**土壌呼吸**）の季節変動の様子を示している．土壌から放出される二酸化炭素は，植物根からの呼吸と土壌微生物による土壌有機物の分解により生成される．特に後者は，土壌微生物の餌となる有機物の量と微生物の代謝活性に強く制限される．微生物の代謝活性は，温度に依存するため，土壌呼吸量も夏場に高くなる．

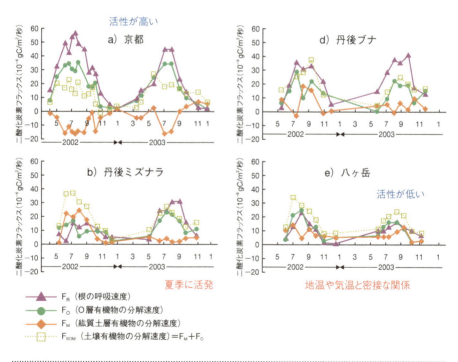

[図4-11] **森林の土壌呼吸の季節変動**[11]

Chapter 4 | 土壌生態系と物質循環

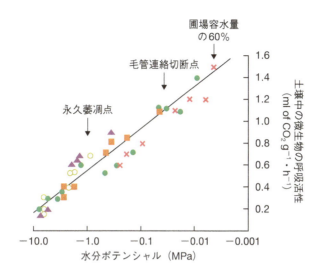

[図4-12] 土壌中の水分ポテンシャルと微生物活性の関係[12]

　また，土壌の保水性も微生物の物質分解能と密接に関係している．土壌構造中の団粒内はさまざまな微生物の生息場所であり，適度な水分環境（たとえば，**図4-12**での毛管連絡切断点から圃場容水量の60％程度の水分条件）はこれらの生物相の代謝活動を促進させ，有機物分解を促す．しかし，乾燥が進むと（図4-12で左の方向）代謝活性は低下する．一方，過度の水分環境（圃場容水量の60％以上の水分量）になると，嫌気的（貧酸素）環境が上回るため微生物の活性も全体的に低下する．嫌気的環境は特に糸状菌や原生動物には不利な環境であるため，植物遺体の分解は低下する．

[文献]

1. 服部勉 (1993)「土壌生態系」，久馬一剛ほか編『土壌の事典』朝倉書店, p.322.
2. Weil, R. R. and Brady, C. N. (2017) *The nature and properties of soils, 15th edition*. Pearson Prentice Hall, p.528.
3. 袴田共之ほか (2000)「地球温暖化ガスの土壌生態系との関わり(1)二酸化炭素と陸域生態系」,『日本土壌肥料学雑誌』71(2), p.263-274.
4. Brady, C. N., and Weil, R. R. (2008) *The nature and properties of soils, 14th edition*. Pearson Prentice Hall, p.521.
5. 田中治夫 (2015)「水田は地球温暖化を防ぐのか？」, 日本土壌肥料学会「土のひみつ」編集グ

ループ編『土のひみつ：食料・環境・生命』朝倉書店, p.118-119.

6. 木村眞人 (1997)「土壌の生物性」, 久馬一剛編『最新土壌学』朝倉書店, p.61-62.

7. 服部勉・宮下清貴・齋藤明広 (2008)「窒素サイクルと微生物」,『改訂版　土の微生物学』養賢堂, p.83.

8. Cordell, D., Drangert, J.-O. and White, S. (2009) The story of phosphorus: Global food security and food for thought. *Global Environmental Change*, 19, p.292–305.

9. 金沢晋二郎 (1994)「土壌酵素」,『土壌生化学』朝倉書店, p.71.

10. Tisdale, S.L. and Nelson, W.L. (1975) *Soil Fertility and Fertilizers, 3rd edition.* Macmillan, p.130.

11. 真常仁志・小﨑隆 (2005)「日本の森林における土壌呼吸の季節変動と炭素収支」, 木村眞人・波多野隆介編『土壌県と地球温暖化』名古屋大学出版会, p71-82.

12. Orchard, V. A. and Cook, F.J. (1983) Relationship between soil respiration and soil moisture. *Soil Biology and Biochemistry*, 15(4), p.447-453.

Chapter 5 土壌の生物生産機能

土壌は，地殻そのものとは異なり，生物が繁栄する生態系を支える．土壌は，生物の生息場となり，それらに必要な養分を与え，また様々な外圧から生物たちを守る緩衝機能を有する．本章では，このような土壌が生物生産に果たす機能について考えてみたい．

5.1 植物の生育と土壌の機能

土壌は，生態系における生産者である植物，消費者である動物，分解者である土壌動物と土壌微生物のすべての生活を支えている．特に植物には，生育する場を与え，分解者によって無機化された養分を与えている．本節では，植物の生育において土壌が果たす役割（機能）を学ぼう．

植物の生育因子は光，水分，養分，空気，温度の5つである（図5-1）．このうち，水分と養分は，主に土壌から供給されている．また，空気や温度というと大気のイメージが強いが，土壌の空気や温度も植物の生育に影響を与えている．

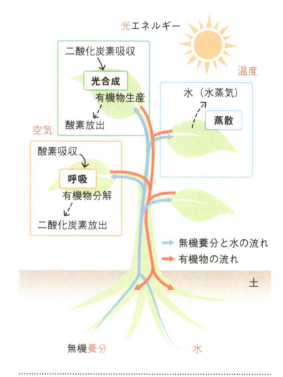

[図5-1] 植物の生育と環境[1)]

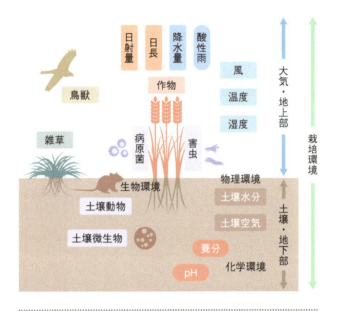

[図5-2] 栽培環境の概念図[1]

　植物の生産環境は生物環境要素・物理環境要素・化学環境要素に大別できる（図5-2）．土壌環境の要素のうち，害虫・病原菌・土壌動物・土壌微生物は生物環境要素に，土壌水分・土壌空気は物理環境要素に，養分，pHは化学環境要素に当てはまる．
　植物生産機能のための土壌機能は，大きく3つに区分される．① 空気と水の供給に関する機能，② 養分の供給に関する機能，③ 根の生育に関する機能である．空気と水の供給は，土壌構造などの物理性に関係している．根の生育に関しては，空気と水の供給，養分の供給，病害虫や有害物質，さらに土壌の物理性や土壌酸性，塩類濃度などが関係している．養分の供給に関しては，次節で詳述する．

5.2 土壌養分

　植物の生育因子である養分が主に土壌から供給されているのは，前節で述べたとおりである．本節では，どんな養分が土壌から植物に供給されているのか，どのようなかたちで供給されているのか，（養分に注目した場合）どんな土壌が植物の生育に適しているかなどを解説する．まずは，一般的に植物が必要とする養分（元素）につい

Chapter 5 | 土壌の生物生産機能

[表5-1] 植物体中に存在する元素の植物および土壌中での存在量[2]

		被子植物（mg kg⁻¹）	土壌（mg kg⁻¹）	被子植物／土壌
多量必須元素	C	454,000	20,000	22.7
	O	410,000	490,000	0.84
	H	55,000	5,000	11
	N	30,000	1,000	30
	P	2,300	650	3.5
	K	14,000	14,000	1
	Ca	18,000	13,700	1.3
	Mg	3,200	5,000	0.64
	S	3,400	700	4.9
微量必須元素	Fe	140	38,000	0.004
	Mn	630	850	0.74
	Cu	14	20	0.7
	Zn	160	50	3.2
	B	50	10	5
	Mo	0.9	2	0.45
	Cl	2,000	100	20
	Ni	1	20	0.05

ておさらいしていこう．

5.2.1 植物の成長に必要な元素

　植物が成長するのに必要な元素（必須元素：essential element）には，植物が多量に必要とする多量必須元素（炭素：C，酸素：O，水素：H，窒素：N，リン：P，カリウム：K，カルシウム：Ca，マグネシウム：Mg，イオウ：Sの9種）と，少量だが必要な微量必須元素（鉄：Fe，マンガン：Mn，銅：Cu，亜鉛：Zn，ホウ素：B，モリブデン：Mo，塩素：Clの7種．ニッケル：Niを加え8種とする研究者もいる）がある（表5-1，表5-2）．

　このうち炭素と酸素は，大気中の二酸化炭素（CO_2）を葉の気孔を通して吸収することで取り込まれている．その他の元素は根を通して土壌から，原則として無機イオンの状態で水とともに吸収している．

　多量必須元素のうち，大気や水から大部分を供給される炭素・水素・酸素を除いたものを，養分元素とよぶ．作物を栽培する場合，多量必須元素のうち，窒素，リン，

57

Part 1 | 土壌の性質と環境

[表5-2] 必須元素の植物体における役割

元素	機能
C, O, H	有機物一般の骨格成分.
N	タンパク質（構造タンパク，酵素タンパク，葉緑体タンパク）の構成成分.
P	ヌクレオチドや核酸の構成成分で，エネルギー代謝やタンパク質合成に不可欠.
K	40以上の酵素の補助因子として必要．細胞の膨圧形成や電気的なバランスの維持に重要.
Ca	リン脂質やATPの加水分解に関わる酵素の中には補助因子として要求するものがある．代謝調節のセカンドメッセンジャーとしてはたらく.
Mg	リン酸転移反応に関わる酵素の多くに必要．クロロフィル分子の構成成分.
S	シスチン，メチオニン，ビタミン類の構成成分として生体内の諸反応に関わる.
Fe	光合成，窒素固定，呼吸に関わるシトクロムおよび非ヘム鉄の構成成分.
Mn	陽イオンによって活性化される酵素や光合成の酸素発生に関わる.
Cu	ポリフェノールオキシダーゼ，アスコルビン酸オキシダーゼ，チロシナーゼなどの構成成分.
Zn	アルコールデヒドロゲナーゼ，グルタミン酸デヒドロゲナーゼなどの構成成分.
B	細胞壁の構成成分に結合．細胞伸長や拡散代謝に関わる.
Mo	硝酸還元酵素の構成成分として，植物の硝酸態窒素の同化において重要.
Cl	光合成の，酸素発生に関わる反応に必要.
Ni	ウレアーゼの構成成分で，窒素代謝に関わる.

カリウムは植物の要求量が多いので，肥料の三要素（窒素，りん酸，加里）といわれ，肥料成分として表すときはN，P_2O_5，K_2Oで示される（土壌改良目標値などで，後述のKの塩基飽和度を求める場合は，Kのモル当量（化学反応で消費されるモル量，イオン価が1であるKの場合，1モル＝1モル当量）で求めた値を用いるので，注意が必要である）.

5.2.2 養分の有効性

　土壌中に含まれている養分元素のすべてが，植物によって吸収・利用されるわけではない．土壌中の養分は，植物による吸収のしやすさから，速効性，遅効性，難効性と区分することができる（**表5-3**）.

　速効性の養分は土壌溶液中に溶けているイオン性のもので，植物によって速やかに吸収される．また，3章で述べた土壌コロイド上の陽イオン交換容量に交換吸着されている陽イオンも土壌溶液中の陽イオンと平衡関係にあり，土壌溶液中の陽イオンが

[表5-3] **土壌中の養分の形態区分**[3]

	養分の形態		
	有効態（可給態）		無効態
吸収性	速効性	遅効性	難効性
特徴	土壌溶液中にイオンとして存在	生物的・化学的な分解作用を受け吸収可能になる	容易に分解されない

植物に吸収されて減少すると，土壌コロイドから土壌溶液中に移動するので，速効性である．

養分が有機化合物や，一次鉱物・粘土鉱物・鉄アルミニウム水和酸化物などの無機化合物として存在する場合，植物はそれを直接速やかに吸収することはできない．これらは遅効性の養分といわれる．遅効性の養分は，植物の栽培期間中に，微生物による分解作用や，酸化・還元・溶解・加水分解などの化学作用を受けて徐々に変化して，土壌溶液中に放出され，ようやく植物が吸収できるようになる．速効性の養分と遅効性の養分は，植物の生育期間中に植物に供給されるので，これらは有効態または可給態養分（available nutrient）とよばれる．

植物の生育期間中に容易に分解されない養分は難効性の養分とよばれ，養分全体の大半を占めている．

窒素の場合，土壌溶液中の硝酸イオンとアンモニウムイオン，交換態のアンモニウムイオンが速効性で，その他の各種有機態窒素は分解しやすさによって，遅効性と難効性に区分される．つまり可給態窒素には，植物にすぐ吸収される無機態窒素だけでなく，植物の生育中に分解し無機化する有機態窒素も含まれる．

5.2.3 土壌の養分保持機能

土壌溶液に溶けたカリウムやカルシウムなどの養分は，土壌の陽イオン保持機能がなければ，雨とともに地下へ流れ去ってしまう．3章で詳しく述べたように，陽イオンの養分は，CECに交換吸着されているため，流出しない．

CECに対して保持されている陽イオンの割合である塩基飽和度は，

$$塩基飽和度(\%) = \frac{交換性陽イオン総量\,(cmol_c\ kg^{-1})}{陽イオン交換容量\,(cmol_c\ kg^{-1})} \times 100$$

Part 1 | 土壌の性質と環境

で表す．一方，カルシウムの飽和度を石灰飽和度といい，

$$石灰飽和度(\%) = \frac{交換性石灰 (cmol_c\ kg^{-1})}{陽イオン交換容量 (cmol_c\ kg^{-1})} \times 100$$

で表す．

　土壌管理での塩基飽和度の目標値は，普通作物で60％程度，野菜類で70〜90％程度である．また，石灰飽和度の目標値は，おおむね40〜70％である．通常，良好な畑地土壌の各塩基の比率はCa：Mg：K：Na＝70〜80：15〜25：5：5で，CaとMgの当量比で2〜6，MgとKの当量比で1〜2が望ましい（なお，CaとMgは1モル＝2モル当量で，KとNaは1モル＝1モル当量である）．

　農耕地における土壌の養分等の土壌改良目標値は，都道府県ごとに，土壌や作物別に基準が定められていて，農水省のHP中の「環境保全型農業関連情報　都道府県施肥基準等」[4]にまとめられている．一例として，神奈川県の作物別土壌養分診断基準値を示す（**表5-4**）．普通作物，飼料作物などの作物別に，pHと塩基飽和度や可給態リン酸などの基準値が示されている．

5.3 土壌酸性

　土壌の酸性化は作物の生育に大きな影響を与える．土壌の酸性化による悪影響を防ぐためには，土壌酸性を把握する基準をもち，また酸性化がいかに起こるかを知る必要がある．本節では，土壌酸性を表す2つの方法，土壌酸性化の原因や作物への悪影響について学んでいこう．

5.3.1 土壌pHと酸度

　土壌の酸性の表し方には，pHと酸度（acidity）の2通りがある．pHは土壌溶液中の水素イオンの活動度で，土壌酸性の強度を示す．酸度は土壌を酸性にする物質の量で，土壌の酸性の容量を示す．それぞれ詳しく見ていこう．

A. 土壌pH

　土壌pHは，土壌の酸性―中性―アルカリ性という土壌反応を示し（**表5-5**），土壌構成物質の形態変化や，土壌微生物の活動，養分の有効性，植物の生育に大きな影響を与える．

[表5-4] 作物別土壌養分基準値[5]

作物名	栽培形態	pH (H₂O)	石灰 %	苦土 %	カリ %	塩基飽和度 %	可給態りん酸 mg/100g	CaO/MgO 比 (重)	CaO/MgO 比 (飽和度) %	MgO/K₂O 比 (重)	MgO/K₂O 比 (飽和度) %	EC(1.5)25℃ dS/m	NO₃-N mg/100g
普通作物	露地	5.5~6.0	40~50	5~10	1~3 (上限5)	60	10~20	5.6~13.9	4.0~10.0	0.7~4.3	1.7~10.0	火山灰 0.2以下 / 沖積 0.1〃	3以下 / 2〃
飼料作物	〃	5.5~6.5	40~60	5~20	2~5 (上限8)	60~80	10~50	2.8~16.7	2.0~12.0	0.4~4.3	1.0~10.0	火山灰 0.2以下 / 沖積 0.1〃	3以下 / 2〃
野菜・花き	〃	5.5~6.0	40~50	10~15	2~4 (上限8)	60	20~50	3.7~7.0	2.7~5.0	1.1~3.2	2.5~7.5	火山灰 0.3以下 / 沖積 0.2〃	5以下 / 3〃
野菜 花き(バラ)	施設	6.0~6.5	50~60	15~20	3~6 (上限10)	80	40~80	3.5~5.6	2.5~4.0	1.1~2.9	2.5~6.7	火山灰 0.4以下 / 沖積 0.3〃	7以下 / 3〃
花き(カーネーション)	〃	6.0~6.5	50~60	15~20	4~8 (上限10)	80	50~100	3.5~5.6	2.5~4.0	0.8~2.1	1.9~5.0	火山灰 0.4以下 / 沖積 0.3〃	7以下 / 5〃
落葉果樹(ブドウ以外)	露地	5.5~6.0	40~50	10~15	2~5 (上限8)	60	20~50	3.7~7.0	2.7~5.0	0.9~3.2	2.0~7.5	火山灰 0.2以下 / 沖積 0.1〃	3以下 / 2〃
落葉果樹(ブドウ)	〃	6.0~6.5	50~60	10~15	2~5 (上限8)	80	20~50	4.6~8.4	3.3~6.0	0.9~3.2	2.0~7.5	火山灰 0.2以下 / 沖積 0.1〃	3以下 / 2〃
常緑果樹(ミカン)	〃	5.5~6.0	40~50	5~10	3~6 (上限8)	60	25~50	5.6~13.9	4.0~10.0	0.4~2.1	1.0~5.0	火山灰 0.2以下 / 沖積 0.1〃	3以下 / 2〃
チャ	〃	4.0~5.0	15~25	3~7	3~6 (上限10)	35	20~50	3.0~11.6	2.1~8.3	0.2~1.0	0.5~2.3	火山灰 0.3以下 / 沖積 0.2〃	5以下 / 3〃
桑	〃	6.0~6.5	50~60	5~10	1~3 (上限5)	80	10~20	7.0~16.7	5.0~12.0	0.7~4.3	1.7~10.0	火山灰 0.2以下 / 沖積 0.1〃	3以下 / 2〃
花木	〃	5.5~6.0	40~50	5~15	1~3 (上限5)	60	10~20	3.7~13.9	2.7~10.0	0.7~6.4	1.7~15.0	火山灰 0.2以下 / 沖積 0.1〃	3以下 / 2〃
山林用苗木	〃	5.5~6.0	40~50	5~15	1~3 (上限5)	60	10~20	3.7~13.9	2.7~10.0	0.7~6.4	1.7~15.0	火山灰 0.2以下 / 沖積 0.1〃	3以下 / 2〃
鉢物用土(シクラメン)	施設	6.0~6.5	50~60	10~15	3~6 (上限10)	80	50~100	4.6~8.4	3.3~6.0	0.7~2.1	1.7~5.0	火山灰 0.2以下 / 沖積 0.1〃	3以下 / 2〃
育苗床土	施設	6.0~6.8	50~70	15~20	3~6 (上限10)	80~90	50~100	3.5~5.6	2.5~4.7	1.1~2.9	2.5~6.7	施肥後の適正値 0.5~1.0 / 0.8~1.2	10~20 / 10~20
水稲	露地	6.0~6.5	50~60	10~20	1~3 (上限10)	80	10~20	3.5~8.4	2.5~6.0	1.4~8.6	3.3~20.0	可給態けい酸 mg/100g AB法:30以上 PB法:火山灰25以上 沖積15以下	遊離酸化鉄 0.8以上

備考

(1)石灰、苦土、カリ、塩基飽和度はCECに対する%を示す。

(2)石灰、苦土、カリのCECに対する飽和度は、mg/100gへの換算は、表3-3を参照する。

(3)いずれの項目とも下限値を下回る場合は、下限値を上限値に施肥改良してから、施肥基準を適用する。なお、カリの下限値は15mg/100g以下の場合は、下限値とする。

(4)いずれの項目も、上限値を上回る場合は、その成分は施用しないことを原則とする。

(5)石灰、苦土で飽和度が下限値でもpHが上限値を上回る場合は、石灰は施用しない。

(6)塩基バランスを考慮する場合、CaO/MgO比は適正にできるが、カリ過剰のためMgO/K₂O比がずれる場合、CaO/MgO比の最大許容範囲内での苦土を施用にとどめ、カリを施用しないようにする。石灰、苦土が過剰の場合も同様にする。

(7)硝酸態窒素は、EC値の大小でほぼその目安となるが、ECが高い場合、硝酸態窒素を個別に推測して、施肥量を決定する。

(8)可給態けい酸の分析法は、AB法が酢酸緩衝液浸出法、PB法がりん酸緩衝液浸出法である。

先にも述べたが，土壌の酸性は主として，負電荷を持つ粘土鉱物や腐植などの土壌コロイドによる酸と，陽イオン類の塩基による中和反応によって決まる．一般に，塩基飽和度が高くなるほど，土壌pHは中性〜アルカリ性となる．日本のように降水量が蒸発散量を上回る湿潤地域では，交換性陽イオンが洗われ，塩基飽和度が低下するため，土壌pHが下がる．日本の土壌が酸性になりやすいのは，このためである．一方，乾燥地域では，塩基が蓄積するため，塩基飽和度は高くなる．塩基飽和度が100％またはそれ以上（水溶性も存在する）では，土壌pHは中性〜アルカリ性となる（図5-3）．

[表5-5] 土壌のpH(H_2O)と土壌反応の区分

pH(H_2O)	反応の区分
8.0以上	強アルカリ性
7.6〜7.9	弱アルカリ性
7.3〜7.5	微アルカリ性
6.6〜7.2	中性
6.0〜6.5	微酸性
5.5〜5.9	弱酸性
5.0〜5.4	明酸性
4.5〜4.9	強酸性
4.4以下	極強酸性

B. 土壌の酸度

土壌の酸度は，土壌溶液中に遊離している水素イオンなどの酸性物質と土壌粒子に吸着している水素イオンとアルミニウムイオンの総量で，$1\ mol\ L^{-1}$塩化カリウム溶液で交換抽出される酸の量を交換酸度（exchange acidity）という．酸性土壌を中和する石灰量の目安となりy1で表す．

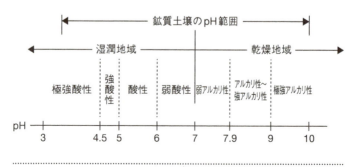

[図5-3] 土壌の反応と気候の関係[6]

Chapter 5 | 土壌の生物生産機能

5.3.2 土壌の酸性化の原因

土壌の酸性化には，雨による影響，化学肥料の影響，有機酸の生成などがある．

A. 雨による酸性化

降雨には，次式のように，大気中の二酸化炭素が溶け込み，水素イオンと炭酸水素イオンを生成する．0.033%の大気中の二酸化炭素と平衡状態にある水のpHは5.6の弱酸性になる．

$$H_2O + CO_2 \rightleftharpoons H_2CO_3$$
$$H_2CO_3 \rightleftharpoons H^+ + HCO_3^-$$

また，化石燃料の燃焼時に生じる硝酸や亜硫酸，硫酸などが降雨に溶け込むとpHが5.6以下の酸性雨となる．土壌中に酸性雨からの酸（水素イオン）が入ってくると，交換性塩基が洗い出されてしまうので，土壌は酸性化する．

B. 化学肥料による酸性化

重過リン酸石灰やリン酸一アンモニアなどの肥料は酸性物質なので，これらが施肥された土壌は当然酸性化する．一方，肥料自体は中性だが，施肥後に土壌が酸性化する場合もある．たとえば硫酸アンモニアや硫酸カリウムは中性だが，施用後にアンモニアやカリウムが植物に吸収され，硫酸イオンが土壌中に残ってしまうため，その土壌は酸性化する．このように，肥料自体は中性だが，施用後に土壌が酸性化する肥料を生理的酸性肥料という．

化学肥料による土壌の酸性化を防ぎたい場合は，硝酸アンモニアや硝酸カリ，尿素などの生理的中性肥料や，硝酸ナトリウムや硝酸石灰などの生理的塩基性肥料を用いると良い．ただし，アンモニウムイオンはいったん土壌コロイドに吸着するが，土壌溶液に溶け出ると，硝化細菌により次式のように硝酸となり，土壌を酸性化する（4.4.3参照）．

$$NH_3 + \frac{3}{2}O_2 \longrightarrow NO_2^- + H_2O + H^+$$
$$NO_2^- + \frac{1}{2}O_2 \longrightarrow NO_3^-$$

C. 有機酸生成による酸性化

寒冷湿潤条件下では，動植物の分解が遅延し，CO_2に至ることなく種々の有機酸が

生成して,土壌が酸性化する.ポドゾル(7.3参照)の漂白化した土壌の層位(漂白層)は,この有機酸で鉄やアルミが溶脱されて生成したものである.水田土壌でも,稲わらや緑肥などの新鮮有機物をすき込むと,湛水初期の低温時期に有機酸が集積し,土壌pHが低下することがある.

D. 酸性硫酸塩土壌

イオウ還元菌によってつくられたパイライトを含む土壌が大気に触れると,次式のように,大気中の酸素により酸化されて硫酸を生じ,酸性硫酸塩土壌となる.古い海成層が土木工事によって表層にあらわれた場合や,マングローブ林下の土壌が乾いた場合などにみられる.

$$4FeS_2(s) + 15O_2 + 14H_2O \rightleftharpoons 4Fe(OH)_3(s) + 8H_2SO_4$$

5.3.3 土壌の酸性化が作物生育に与える問題点

土壌pHの違いにより,養分の溶解・利用度は異なってくる(図5-4).多くの養分は,酸性が強くてもアルカリ性が強くても,溶解・利用度が低下する.それぞれの植

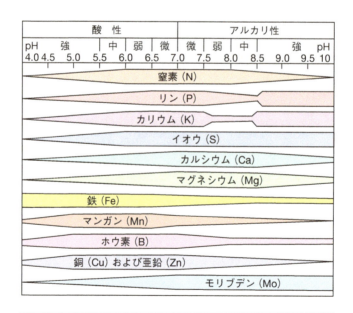

[図5-4] 土壌のpHと肥料要素の溶解・利用度[7)]

Chapter 5 | 土壌の生物生産機能

[表5-6] 各種植物の最適pH(H₂O)範囲[8]

植物	最適pH(H₂O)値
水稲	5.0〜6.5
オオムギ	6.5〜7.8
コムギ	5.5〜7.5
ダイズ	6.0〜7.0
ラッカセイ	5.3〜6.6
トウモロコシ	5.5〜7.5
サトウキビ	6.0〜8.0
タバコ	5.5〜7.5
バレイショ	4.5〜6.5
タマネギ	5.8〜7.0
ニンジン	5.5〜7.0
キャベツ	6.0〜7.5
レタス	6.0〜7.0
ホウレンソウ	6.0〜7.5

物には，最適のpH範囲があり（**表5-6**），作物が生育するためにはその範囲に土壌を管理する必要がある．

5.4 土壌の電気伝導度

　土壌溶液中には，母材から溶解した塩類や施肥，灌漑水によってもたらされる塩類が含まれている．しかし，施肥などで持ち込まれた塩類が過剰になりすぎると，土壌溶液中の浸透圧が高くなり，植物根が水分を吸収できない状態に陥ってしまう．電気伝導度（electric conductivity：EC）は土壌溶液中の塩類濃度により規定されるため，土壌溶液中の水溶性塩類濃度（イオン量）の目安として用いることができる．また，農耕地では硝酸態窒素量との間に相関がみられ，特にECの高い土壌では硝酸態窒素量の推定にも有効な手法である．

5.5 土壌有機物の機能

　2.4で学んだように土壌有機物は様々な成分で構成され，それぞれが何らかの機能

65

を土壌中で発揮している．土壌有機物を機能から見て，耐久腐植（stable humus）と栄養腐植（nutrient humus）の2つに区分することがある．耐久腐植は，土壌生物の分解に対して安定で，長期間土壌中に留まり，陽イオンや水分を吸着保持する．土壌の重要な緩衝能物質である．一方，栄養腐植は，土壌生物によって容易に分解される有機物で，その分解によって各種無機成分が放出され，土壌生物の活性を高め，団粒構造の形成を促進するなど，作物の良好な生育環境を維持するのに重要である．この区分は概念的な区分であるが，土壌有機物の特性を考えるには便利である．

土壌有機物の機能を化学性・物理性・生物性の3グループに分けて紹介しよう．

化学性

①植物の養分の給源：N, P, Kの肥料の三要素，S, Ca, Mgの多量養分元素，Mn, Bなどの微量養分元素を無機イオンとして放出（無機化）して植物に供給する．特にNは緩やかに分解されて供給され，地力窒素（土壌から供給される窒素肥料）としての意義が大きい．

②陽イオン交換能：土壌有機物中の腐植のCECは30〜280 $cmol_c$ kg^{-1}であり，粘土の数倍から10倍も大きく，表層土壌においては全交換容量の1/3〜1/2が腐植に由来している．しかし，腐植の交換基は1価のアンモニウムイオンやカリウムイオンを保持する力は2：1型粘土鉱物に比べて弱い．

③pH緩衝能：腐植は多数のカルボキシ基やフェノール水酸基をもつため，弱酸および弱酸の塩として作用し，pH緩衝作用を示す．

④養分の有効性や有害物の調節：腐植は土壌中のAlと結合しやすく，その有害作用を抑え，またリン酸とAlとの結合を妨げてリン酸の肥効（肥料が作物の生育に与える効果）を高める．また有害金属とも反応し，不溶化して環境汚染を防止する．

⑤物質の溶解・移動：根の分泌物や微生物の代謝産物は，リン酸塩や炭酸塩の可溶化に寄与している．このほかカルボキシ基やフェノール水酸基から成るキレート物質が金属元素を可溶化して移動しやすくしている．

物理性

⑥耐水性団粒の形成：土壌有機物は土壌粒子同士の接着剤としてのはたらきを持ち，団粒を形成して土壌の水分保持能を高め，通気性や排水性を良好にしている．

⑦土壌への吸熱効果および土壌の保温効果：腐植の黒色は太陽エネルギーを吸収し，土壌の保温や地温の上昇に寄与している．

生物性

⑧作物の生育促進または阻害：フェノール性カルボン酸は植物の発芽や発根，さらに根や茎の生育促進などの代謝調節作用を持っている．これは，溶解度の低い養分元素が有機物と結合することによって植物に吸収されやすくなることや，腐植物質の一部が植物に直接吸収されて，植物ホルモン類似作用をもたらし，それによって光合成や呼吸の活性や，タンパク質・核酸の合成を促進させるためと考えられている．

⑨土壌微生物への栄養源：土壌中に生息する微生物は多様な栄養要求性を持つ．土壌有機物はそれ自身の多様性と複雑性ゆえに，微生物の多様な栄養要求を満たして，微生物の多様性を維持している．このことは，土壌の生物的な緩衝力を高めるだけでなく，植物栄養の円滑供給や病原菌の抑止効果にもつながっていると考えられている．

［文献］

1. 西尾道徳ほか (2000)『作物の生育と環境』農山漁村文化協会

2. 三枝正彦 (1998)「植物生育と肥料」, 松本聰・三枝正彦編『植物生産学(Ⅱ)』文永堂出版, p.74.（高橋英一, 1974, 1987）

3. 松田敬一郎ほか (1984)『土壌学』文永堂出版, p.152.（山根の原図, 1981を一部改変）

4. 農林水産省 (2016更新)『都道府県施肥基準等』
http://www.maff.go.jp/j/seisan/kankyo/hozen_type/h_sehi_kizyun/index.html

5. 農林水産省 (2013)『神奈川県作物別施肥基準　2：土づくりと施肥改善　土壌診断基準』
http://www.maff.go.jp/j/seisan/kankyo/hozen_type/h_sehi_kizyun/pdf/kana_14.pdf

6. 高橋正 (2005)「土壌のpH」, 三枝正彦・木村眞人編『土壌サイエンス入門』文永堂出版, p.130.

7. 岡崎正規・安西徹郎・加藤哲郎 (2001)『新版　土壌肥料』全国農業改良普及協会, p.51.

8. 後藤逸男 (2001)「土壌の反応」犬伏和之・安西徹郎編『土壌学概論』朝倉書店, p.36.

Part 1 | 土壌の性質と環境

Chapter 6 水田の土壌・畑の土壌・森林の土壌

　土壌の成り立ちが地形に影響されることはすでに述べたとおりである．人はおのずと暮らしの周囲の地形や，そこに生成した土壌に適した土地の利用方法を模索してきた．

　農耕地や林地と地形の関係を模式的に考えれば，沖積平野（河川などの堆積作用によって形成された平野）には主として水田が，台地（平野が隆起して形成された台状の地形）には畑が，丘陵地（平野が長い年月をかけて削られて形成した，なだらかな起伏の続く地形）には畑や森林が，山地には森林が広がっている．それは，地形と土壌，そして利用形態が密接に関係しているからである（図6-1）．

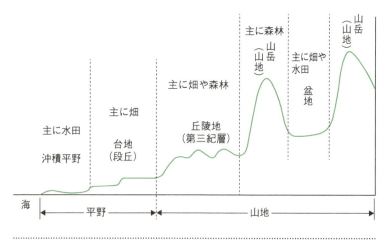

[図6-1] 地形と土地利用の関係[1]

6.1 水田の土壌

6.1.1 地下水土壌型類（ground water soil type）

　水田で稲を栽培するには多量の水が必要である．そのため水田は，主に水を利用しやすい低地に作られている．台地で水稲を栽培する場合は，水捌け（透水性）の悪い

Chapter 6 | 水田の土壌・畑の土壌・森林の土壌

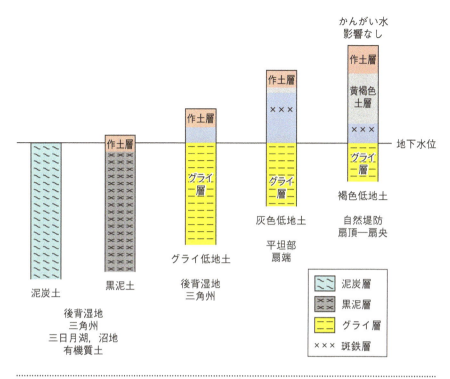

[図6-2] 低地における地下水位と土壌の関係[2)]

場所や水を引き灌漑しやすい場所に水田が作られている．

　低地の土壌は地下水位の高さによって，図6-2のように異なる土壌型の土壌が分布している．地下水位の高い方から，泥炭土，黒泥土，グライ低地土，灰色低地土，褐色低地土に分類される．この図は，地下水の高低を土壌生成に関与する主要な因子としてとらえており，これらの土壌型を総称して地下水土壌型類とよんでいる．

　水捌けが悪く通年湿った状態の水田を湿田とよび，通常，泥炭土，黒泥土，グライ低地土が含まれる．泥炭土や黒泥土は，排水不良のため湿生植物（アシなど，水辺や湿原に生育する植物）の遺体の分解が不十分となり，植物遺体が集積してできた有機質土壌である．主に後背湿地や山間の低地など排水不良の窪地地形に発達するが，台地の水捌けが悪い場所にも泥炭土や黒泥土ができることがある．

　無機質土壌がほぼ周年水に飽和されて，土壌が還元されて2価鉄が生成し，青灰色を示す土層をグライ層という．地下水位が高く深さ50 cm（分類によっては80 cm）以

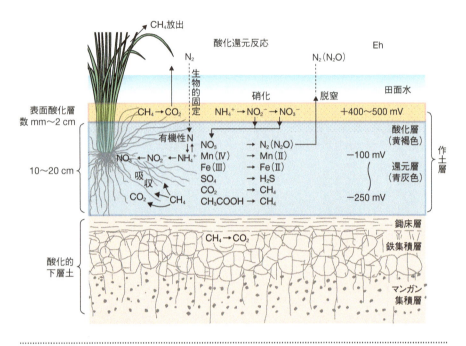

[図6-3] 水田土壌断面の形態と酸化還元にともなう多様な物質変化
〔文献2より許可を得て転載〕

内にグライ層が出現するものをグライ低地土と分類している．

　これらの湿田は排水が悪いため，畑として利用することは困難で，主に水田として利用されている．ただし，これらの湿田の多くでは暗渠排水（地下に水路をつくり排水すること）などの土地改良が行われており，地下水位が低下し，乾田化している．

　水田でも比較的水はけが良く，畑作物の栽培に利用できる水田を乾田とよぶ．灰色低地土と褐色低地土がこれに相当する．灰色低地土は排水が中庸ないしはやや不良で，下層土の基色が灰色を示す土壌である．褐色低地土は，排水が比較的良好で，下層土の基色が褐色を示す土壌である．褐色低地土は，地下水位が低く，畑地として利用されている面積も広い．

　乾田では田植え前に，田に水を入れ土とこねて柔らかくする，代かきという作業を行う．代かきによって，主に根がはびこる上部の作土層，硬くち密な鋤床層の2層ができる（図6-3）．鋤床層は作土層よりも透水性が悪いため，作土層に水をプール状にためることができる．灌漑期間中は，鋤床層より上部に水をためて水稲を栽培する．

6.1.2 水田での還元化に伴う物質変化

　水田は，地下水または灌漑水を表層に貯えて水稲を栽培しているが，栽培期間中は作土が還元状態になるため，畑とは大きく異なる物質変化が起こっている．土壌中では土壌微生物が酸素を消費しながら有機物を分解しているが，水を張ると酸素の水中での拡散係数は大気中の拡散係数に比べて非常に小さいため，酸素不足となり，土壌は還元化し，**表6-1**，図6-3で示すような物質変化が起こっている．

　作土層の数mmから2cm程度は，田の表面に張ってある田面水を通して酸素が供給されるため，酸化還元電位は600〜300mVの黄褐色を呈する表面酸化層が形成される．それよりも下層の作土層では土壌の還元が起こり，青灰色のグライ層が形成される．

　なお，乾田では鋤床層より下層は酸化的下層土になり，上層から土壌水にともなって浸透してきた還元された鉄やマンガンが酸化されて沈殿し，鉄集積層やマンガン集積層が形成される．湿田では，地下水位が高く下層土も還元状態であるので，鉄集積層やマンガン集積層は形成されない．

　作土では，まず好気性細菌が酸素呼吸を行い，酸化還元電位が600〜300mVで分子状酸素（O_2）が消失する．表面酸化層では，田面水より酸素が供給され続けるので，酸化層のままであるが，還元層では酸素の消費が酸素の拡散による供給を上回るため，還元層が発達していく．

　次いで還元が進行し，酸化還元電位が400〜100mVになると，**図6-4**のように脱窒菌により硝酸が還元されて消失し，一酸化二窒素や窒素ガスとして大気に放出される．硝酸は，水質汚濁防止法で規定された有害物質で，「地下水の水質汚濁に係る環

[表6-1]　**水田土壌中の還元過程**[3]

湛水後の経過日数	酸化還元電位 Eh (mV)	物質変化	細菌のエネルギー代謝形式	予想される主導的微生物群
初期	＋500〜＋600	酸素の消失	酸素呼吸	好気性細菌
		硝酸の消失＝亜硝酸・窒素ガスの生成	硝酸還元	条件的嫌気性細菌
		2価マンガンの生成	（酸化態マンガンの還元）	
		第一鉄の生成	（第二鉄の還元）	
		硫化物の生成	硫酸還元	嫌気性細菌
後期	−200〜−300	メタンの生成	メタン発酵	硫酸還元菌 メタン生成菌

Part 1 | 土壌の性質と環境

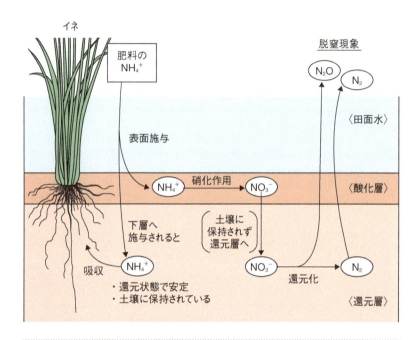

[図6-4] 水田土壌における脱窒現象
〔文献4より許可を得て転載〕

境基準」では硝酸性窒素および亜硝酸性窒素が10 mg L^{-1}以下であることとされている．そのため，水田のこの脱窒機能を活用して，多肥の畑や畜産排水からの硝酸を浄化する試みなどもなされている．ただ，一酸化二窒素は二酸化炭素の296倍の効果を持つ温室効果ガスであるので，一酸化二窒素で脱窒しないように注意が必要である．

　酸化還元電位が400～－100 mVまで低下すると，4価や3価のマンガンが還元され2価のマンガンとなり，可溶化して土壌溶液中に溶け出す．200～－200 mVでは3価の鉄が2価の鉄となり可溶化して土壌溶液中に溶け出す．

　さらに，還元が進むと，嫌気的分解過程に代わり，酸化還元電位が0.0～－200 mVとなると，硫酸の還元が起こり，硫化物イオンが生成する．このとき土壌中に鉄イオンが十分にあれば硫化鉄として沈殿するが，老朽化水田などの鉄や他の養分が不足している土壌では硫化物イオンが沈殿せず水稲根の生育および機能を阻害し，後期に生育が不良となり収量が低下してしまう．このように生育後期に収量が低下してしまう現象を秋落ち現象とよんでいる．

　さらに還元が進み酸化還元電位が－200～－300 mVになると，メタン生成菌によ

るメタン発酵でメタンが生成されるようになる．メタンは二酸化炭素の23倍の効果を持つ温室効果ガスであるが，水稲根より吸収され稲の通気組織を経て大気中に放出される．

このように還元が進むと，さまざまな弊害が生じるので，水田では水稲生育期間中に排水する中干しなどをして還元が進まないような管理が行われている．

一方，水田の土壌のpHは湛水前の値にかかわらず，還元化が進むと，およそ6.7～7.0付近に落ち着くように変化する．そのため，一般に，水田では酸性による害は発生しない．

水田の条件では，4.3でみたように土壌微生物の活性が抑えられるために有機物が蓄積しやすい．そのため水田土壌では可給態窒素量が畑土壌に比べて多くなる．

6.2 畑の土壌

6.2.1 畑の土壌の特徴

日本は多雨であるため，畑状態では，図6-5（左）のようにカルシウム，マグネシウム，カリウムなどの塩基が雨水により溶脱しやすく，土壌が酸性化しやすい．また，図6-5（右）のように，肥料による酸性化も起こる．硫酸アンモニウムの水溶液は中性を示すが，植物によって硫酸イオンは利用されずにアンモニウムイオンだけが利用されるので，土壌中に残された硫酸イオンにより土壌は酸性化していく．

畑の土壌は，水田土壌のように灌漑水からの養分の供給もなく，土壌pHの中和も

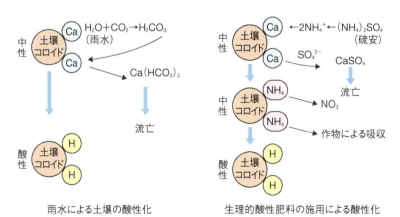

[図6-5] 土壌の酸性化[5]

Part 1 | 土壌の性質と環境

行われない．さらに，水田のような有機物の分解抑制による集積もない．したがって，畑の土壌は，酸性土壌で，養分となる交換性塩基 (3.2.1参照) や可給態窒素 (5.2.2参照) が少ないという特徴を持つ．また，畑地の大半は黒ボク土で，可給態リン酸（土壌中に存在する植物に利用されやすいリン酸．無機態リン酸は必ずしも利用されやすいわけではなく，カルシウム型リン酸は比較的利用されやすい一方，鉄型やアルミニウム型は難溶性で利用しにくいものが多い．）も少ないという特徴もある．

日本の畑の土壌では，黒ボク土，褐色森林土，褐色低地土，灰色低地土，黄色土などの面積が広い．

一般的に，黒ボク土は火山灰を母材とするので，火山灰土壌ともよばれる．表層には粒状構造の発達した黒〜暗褐色の腐植層 (9.2.2参照) をもち，下層は黄褐色の土層である．多くは母材の火山灰が風によって運ばれて堆積したもので，排水性が良く地下水位の低い台地などに分布している．乾燥密度（土壌100 cm^2 あたりの土壌の乾燥重量）が小さくて孔隙に富むため，保水性や透水性，通気性は高く，耕しやすく，植物はかなり自由に根を張ることができる．しかし，軽いので風食を受けやすい．

黒ボク土は，吸着反応性の高い活性なアルミニウムや鉄に富むため，土壌に加えられた無機態リン酸の多くは，それらと強く結合し難溶性となり，植物が利用しづらくなる．このリン酸の固定力の強さを示す係数をリン酸吸収係数といい，リン酸吸収係数が15 g-P$_2$O$_5$ kg^{-1} 以上である土壌が黒ボク土と定義されている．黒ボク土はリン酸吸収係数が高いため，可給態リン酸も少なくなる．また，陽イオン交換容量は大きいが，交換性塩基の保持力が弱く，カルシウムやマグネシウムなどが流亡しやすい．

黒ボク土には，主要鉱物がアロフェンであるアロフェン質黒ボク土と，アロフェンは少なく，アルミニウム-腐植複合体や結晶性粘土鉱物が主要鉱物になっている非アロフェン質黒ボク土がある．アロフェン質黒ボク土は，酸性が強くなるとアロフェンが溶解して中和するので強酸性にはなりにくい．一方，非アロフェン質黒ボク土は強酸性になりやすく，土壌が酸性化すると交換性アルミニウムが溶出して植物に障害をもたらす．

一般に，褐色森林土は，山麓や丘陵地の傾斜面，台地上の平坦地や波状地に分布し，黒褐〜暗褐色の表層と黄褐色の次表層を持っている．傾斜地が多く侵食を受けやすくて養分が流れやすい．一般に，褐色低地土と灰色低地土での土地利用は水田および普通畑が多く，畑地の多くは生産力の高い野菜畑となっている．砂質の土壌も多く，塩基の保持力が弱い．黄色土は，丘陵や台地に分布し，黄または黄褐色の次表層を持つ．一般には物理性は細粒質で緻密である．化学性については，陽イオン交換容量が小さ

Chapter 6 | 水田の土壌・畑の土壌・森林の土壌

く，肥料を保持する力は小さい．石灰，苦土（マグネシウム），リン酸など，塩基や養分の含量が低く，酸性となりやすい．

6.2.2 耕耘（tillage）

作物の種播きや移植前に，土壌を撹乱あるいは反転して軟らかくし，さらに細かく砕く作業を耕耘という．普通畑における耕耘作業は，表土と下層土を反転させる耕起と耕起した土壌を細かく砕く砕土の2工程からなる．

耕耘は畑や作物に，① 土壌を膨軟にし，保水力や通気性を高め，根を伸びやすくする，② 雑草や前作の残渣を土中に埋没させる，③ 肥料や土壌改良資材などを作土に均一に混和する，などの良い効果をもたらす[6]．そのため，地力に依存した農業の基本的な管理方法であった．

また，作物の多くは15%以上の空気率が必要であり，特にオオムギやコムギでは20%以上の空気率が必要であるので，そのためにも耕耘は重要な管理作業である（表6-2）．

一方で，耕耘には下記のような問題点もある[7]．

①農作業の中で，耕耘の所要エネルギーが極めて大きい．

②耕耘後の圃場は土壌がむき出しとなり（裸地化），土壌侵食を受けやすい．

③土壌の荷重に耐える力（地耐力）が減少し耕耘後の機械作業に支障を起こす場合がある．

④耕耘播種後の強雨ではクラスト（土壌の粒子が地表面の孔隙を埋めて膜に覆われたようになる現象）が発生しやすく発芽障害を起こすことがある．

⑤深く耕すと下層土が混入し生産力が低下する．

これらの中でも ② 耕耘後の裸地化にともなう土壌侵食は深刻な問題である．したがって，不耕起栽培なども行われている．

[表6-2] 作物の種類と根の活動を活発にする必要空気率[4]

項目	必要空気率	作物
最も多く要求する作物	24%以上	キャベツ，インゲン
比較的多く要求する作物	20%以上	カブ，キュウリ，コモンベッチ，オオムギ，コムギ
比較的要求が小さい作物	15%以上	エンバク，ソルゴー
最も要求が小さい作物	10%	イタリアンライグラス，イネ，タマネギの生育初期

Part 1 | 土壌の性質と環境

[表6-3] 主な作物の根張り[8]

作物名	最高到達深度（cm）	活動中心域（cm）	側方への広がり（cm）
春播きコムギ	143〜223	92〜150	30〜60
秋播きコムギ	152〜214	107〜122	60〜102
ライムギ	152〜229	85〜122	30〜50
エンバク	122〜152	76	30〜56
オオムギ	137〜198	92〜107	30〜60
トウモロコシ	152〜183	70	214
モロコシ	137〜198	92〜122	184
イネ	57〜67	18〜21	44
ダイズ	95〜180		
ビート	90		
バレイショ	80		
ダイコン	185〜200		80〜105

6.2.3 畑土壌における下層土の役割

　土壌中における作物根の分布は，作物の種類や生育時期，栽培条件などによっても異なっている．根の量は生育初期には作土（0〜15 cm）に集中するが，生育盛期ではコムギの場合作土に35％，下層土（15〜150 cm）に65％，ダイズでは作土に15％，下層土（15〜180 cm）に85％が分布すると言われている[9]．**表6-3**に示したように，水稲では最高到達深度が57〜67 cmで，活動中心域が18〜21 cmと浅いが，コムギ，ライムギなどでは最高到達深度が2 m前後，活動中心域が85〜150 cmと深くなっている．これらの作物では，下層土中の養分の役割が大きく，特に施肥した養分は容易に下層土へと洗脱するので，下層土の理化学性も作物の生育にとって重要である．

6.2.4 草地の土壌

　日本では草地は，比較的標高の高い緩〜急傾斜地の丘陵地などに位置し，黒ボク土と褐色森林土が大半を占めている．また，草地は，野生草地（自然草地または牧野）と牧草地（人工草地）に大別され，野生草地は肥料を与えたり，耕耘などの人為的管理を加えず，自然野草の採取および放牧を行い，牧草地は野草地，林地などに人為的な処理および改良工法を加え在来種以外の牧草を導入した草地である．

6.2.5 樹園地の土壌

樹園地は丘陵地や山地の褐色森林土，黒ボク土，黄色土などで分布が広く，土壌侵食が起きやすい，土壌が不均一性である，人や機械に踏まれることによる物理性の悪化や，養分の蓄積とバランスの悪化，農薬としてボルドー液（硫酸銅と消石灰の混合溶液）を使用したことによる重金属の蓄積などの問題がある．

6.3 森林土壌

6.3.1 植生と森林土壌の関係

日本は，北海道から沖縄まで南北に長く，また標高も3,700 m以上まで及ぶので，亜寒帯から亜熱帯気候帯までの気候帯が分布していて，図6-6のように，それぞれの

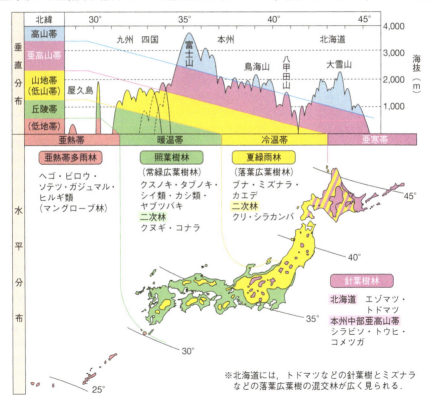

[図6-6] 日本の植生分布
〔文献10より許可を得て転載〕

気候に対応した森林植生が分布している．

時間因子の影響が大きく，気候や植物の影響に強く支配され，安定した地形面に発達した成熟した土壌を成帯性土壌というが，上記の森林植生に対応し，亜寒帯針葉樹にはポドゾルが，冷温帯夏緑樹林帯には褐色森林土が，暖温帯照葉樹林には下層が黄褐色の褐色森林土が，亜熱帯多雨林には赤黄色土が分布している．

6.3.2 森林土壌の特徴

森林土壌の特徴は，畑や水田などの農耕地土壌と違い，森林生態系を構成している点である．森林では，樹木を主体とした植物が，そこに生育している動物や微生物と生態系を構成している．

山地や丘陵地など斜面上に成立する森林では，水を中心とした物質の下方への移動が土壌の質や土壌断面の形態に大きな影響を与える．森林に降り注いだ雨は，林外雨（樹木の葉や枝や幹に触れずに，直接地表に落下してくる雨），林内雨（樹木の葉，枝などに触れた後，地表に落下してくる雨）＋樹幹流（樹木の枝，葉などに降りそそいだ雨が，幹を伝わって流れ落ちてくるもの）を経て養分を溶かし込み，土壌の中間流

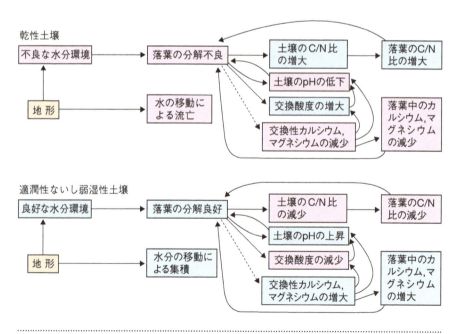

[図6-7] 土壌の化学的性質とこれに影響を及ぼす環境因子との関係[11]

として斜面に沿って上部から中腹へ，そしてさらに下部へと流れる．さらにその水は，谷地形に向かって流れ，渓流水として流出する．土壌中の交換性塩基などの各種成分が，降雨に溶けて土壌断面の下方に溶脱したり，水に溶けた養分が植物に吸収されることはすでに説明したところである．

　森林において，斜面の位置という地形の要因が木材の生産に及ぼす影響は大きい．**図6-7**は，尾根や斜面上部に分布する乾性土壌と，山腹斜面中腹〜下部，山腹の緩傾斜地の適潤性ないし弱湿性土壌の化学的性質とこれに及ぼす環境因子との関係を示している．水分環境の違いにより落葉の分解が異なり，土壌のpHや養分などの化学性にも影響を及ぼしていることがわかる．

［文献］

1.　山根一郎 (1985)『地形と耕地の基礎知識』農山漁村文化協会, p.84.

2.　若月利之 (1997)「水田土壌」, 久馬一剛編『最新土壌学』朝倉書店, p.165-175.

3.　高井康雄・三好洋 (1977)「土壌の酸化還元」,『土壌通論』朝倉書店, p.75.

4.　松中照夫 (2003)『土壌学の基礎：生成・機能・肥沃度・環境』農山漁村文化協会, p.261-269.

5.　岡崎正規・安西徹郎・加藤哲郎 (2001)『新版　土壌肥料』全国農業改良普及協会, p.127.

6.　金田吉弘 (2005)「作物の生育と土壌」, 三枝正彦・木村眞人編『土壌サイエンス入門』文永堂出版, p.213.

7.　三枝正彦 (1997)「作物の生育と土壌」, 久馬一剛編『最新土壌学』朝倉書店, p.186.

8.　安西徹郎 (2001)「土壌の構造」, 犬伏和之・安西徹郎編『土壌学概論』朝倉書店, p.68.

9.　三枝正彦 (1998)「土環境の管理と改善」, 松本聰・三枝正彦編『植物生産学(Ⅱ)』文永堂出版, p.135.

10.　数研出版編集部 (2013)『改訂版　フォトサイエンス　生物図録』数研出版, p.220.

11.　河田弘 (1989)『森林土壌学概論』博友社, p.152.

Part 1 | 土壌の性質と環境

Chapter 7 土壌と人類とのかかわり（土壌環境問題）

本章では，我々人類と土地や土壌とのかかわり，特に，地球上で土壌劣化という問題がどのようにして起こってしまうのか，いかにして我々はそれを防ぐことができるのか，ということを考えてみたい．

7.1 地球上の陸域面積と土地利用

地球の表面積は，5億1000万 km^2 であるが，そのうち陸域面積は30％足らずの1億4900万 km^2 である．さらに内訳をみると，耕地面積は陸域の10％程度の1590万 km^2 で，その他，多年生作物180万 km^2（陸域の1.2％），永年草地3840万 km^2（同25.8％），森林4630万 km^2（同31.1％），氷床1880万 km^2（同12.6％），砂漠2790万 km^2（同18.7％），そして，地球の人口の半数以上が居住しているといわれている都市域がわずか65万 km^2（同0.5％）という構成である（図7-1）．

土地利用の歴史を見てみると，農業利用などによる土地への人工改変は，約12,000年前に始まったとされる．約8,000年前から，メソポタミアと南西アジアの肥沃な三日月地帯を中心に農地利用が拡大し始め，次いで，中国，インド，ヨーロッパへと波及していった．そして，人口増加にともない，原生地や半自然地は，次々と管理的栽培地や放牧地へと転換されていった．特に，1750年頃から，急激に人類の土地への支配的行為が加速し始め，今日に至っている（図7-2）．

地球人口は，西暦元年頃に2億，

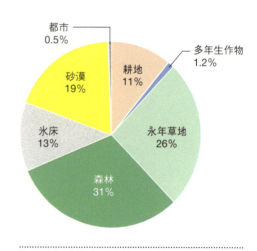

[図7-1] 陸域内の土地利用割合

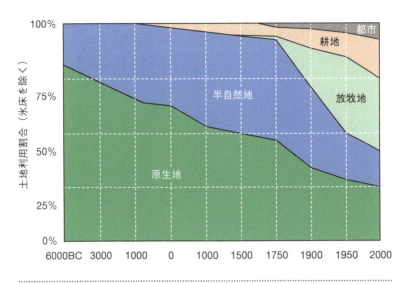

[図7-2] 8000年以上にわたる陸域の変容[1]

1750年頃に7～8億程度だったと推定されているが、2016年時点ですでに74億を超えている。国連の推計では今後2050年頃には地球人口が90億を越えるとも見込まれており、人口圧は急激に高まっている。人口の増加は、環境問題と密接に関係している。特に、土壌環境との関連で懸念される重大な問題として、食料不足と耕作地の拡大、それに伴う森林や草原など自然地の破壊、植生が減少することによる風食や水食などの土壌侵食、またこれらと関連して起こる温室効果ガス排出量の増大と気候変動、そして生物多様性の減少や土壌汚染、都市化に伴う土壌の人工被覆とヒートアイランド現象などが挙げられる。これらの環境問題に対処するためには、土壌を健全な状態に保全しつつ、適切に土地を利用していかなくてはならない。

　国内に目を向けると、1800年頃はわずか3000万人だったとされる我が国の人口も、2008年にはピークを迎え、1億2800万人を記録した。しかし、今後は少子高齢化にともない人口減少が進み、出生中位推計の結果によると2065年には8800万人、2100年には6000万人程度まで減少すると見込まれている。一見、国土への人口圧は減少するように思われるが、都市人口率という点でみると、1950年頃が35％程度だったのに対し、2010年時点では65％を超えており、さらに2050年には80％に達するとも予測され、都市域への人口圧は今後も高まることが予想されている。一方、現在、約38万km²の国土面積のうち、森林が66％、農地が12％を占め、8割近い面積が非都市域

Part 1 | 土壌の性質と環境

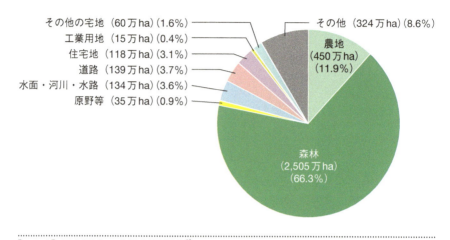

[図7-3] 日本国土の土地利用割合[2]

に類する（図7-3）．今後，総人口や労働力人口が減少し，人々はますます都市に集中しようとする中で，いかにして国土を適切に利用し，持続的に維持していくかが重要な課題となるだろう．

7.2 侵食（土壌侵食・砂漠化・黄砂）

7.2.1 土壌侵食

図7-4の左の写真は，大正5年の愛媛県の山地の光景である．今でこそ日本の山地は森林と称され，豊富な木々で埋め尽くされているが，この時代の山地は，樹木は過剰なまでに木材や薪炭に積極的に利用され，山肌は露出するほどであった．特に，花崗岩を母材とするマサ土地帯（中国地方など）は，植生が失われると侵食が進みやすく，植生や表土が失われたすがたから，はげ山とよばれていた．反面，戦後の植林ブームに植栽されたが，その後適切な管理が施されてこなかった地域もある．また，かつてのはげ山に対し，現在ではむしろ森林飽和ともいわれている．この変化は，土壌侵食や水の保全など，流域管理の観点から問題視される状況を生み出している．

図7-4の右の写真は1930年代のアメリカで広範囲におよび発生したダストボウル（砂嵐）の光景である．アメリカの農業政策であった集約的大規模農業は，農業の機械工業化をもたらし，土壌の有機物は分解消失し，健全な土壌構造が失われ，激しい風食により砂嵐を引き起こした．グレートプレーンズ一帯で発生した砂塵は，はるか

［図7-4］かつての日本のはげ山（左）と米国のダストボウル（右）
〔左：文献3，右：米国海洋大気庁 George E. Marsh Album より提供〕

東方のシカゴやワシントンD.C.すら包み込むほど激しいものであった．当時のルーズベルト大統領は，これらの環境問題に対処するため，現自然資源保護局（NRCS）の前進となる土壌保護局（SCS）を設立し，ニューディール政策の一環として，the Soil Conservation and Domestic Allotment Act（土壌保全及び国内割当法）（1936）を制定し，急務だった国土保全に尽力した．

7.2.2 砂漠化

　砂漠化とは，その土地に本来備わっていた生物生産力が劣化，減退する現象のことを指し，主に，アフリカ，アジアなどの年降水量の少ない乾燥・半乾燥地域で起きる．その主な要因として，森林の乱伐採，過放牧，過剰耕作，地下水の過剰揚水と灌漑による塩類集積など，行き過ぎた人間活動や不適切な土地管理のような人為的要因が挙げられる．また，近年はこれらに加え，地球規模的気候変動に伴う大気・水循環の変動による乾燥・干ばつ化も砂漠化として捉えられることがある．砂漠化の影響を受けやすい乾燥地域のほとんどは開発途上国地域であり，地球上の陸地面積のおよそ4割を占め，20億人以上ともいわれる人々の食料不足，水不足，そして貧困の原因にもなっている．この課題に対処するため，1994年に砂漠化対処条約（正式名称：深刻な干ばつ又は砂漠化に直面する国（特にアフリカの国）において砂漠化に対処するための国際連合条約）が国連で採択され，深刻な干ばつや砂漠化に苦しむ国々や地域への対処のための行動計画を作成すること，そして行動すること，また，その取組みを先進国が支援することが規定された．この条約は，土壌劣化に対処した初めての国際的枠組みである．

7.2.3 黄砂

中国内陸部のタクラマカン砂漠やゴビ砂漠，黄土高原などの乾燥・半乾燥地域から，風によって地上高く巻き上げられた土壌粒子が偏西風に乗って東方の日本にも飛来する現象を黄砂（風成塵の一種）とよび，本来は地球上の自然現象の一部とみなされている．しかし，近年は発生源周辺の土地の過放牧や農地利用が砂漠化を拡大し黄砂現象をさらに加速させているとみられている（図7-5）．日本に飛来する黄砂の粒径分布は，直径4μm付近にピークを持ち，

［図7-5］中国大陸で発生した黄砂が東方の日本列島へ運ばれている様子
〔文献4より許可を得て転載〕

粒子は石英，長石，雲母などの一次鉱物やカオリナイトなどの粘土鉱物が多く含まれている．また，日本に飛来する黄砂粒子の分析から，中国国内で発生したと推測される，土壌起源ではないアンモニウムイオンや硝酸イオン，硫酸イオンなどの大気汚染物質が付着して運ばれてくるケースが増えてきており，いわゆる越境大気汚染として問題となっている．

7.3 土壌における有機物の蓄積と減耗（気候変動と土壌炭素貯留）

地球の最表層で繰り広げられる土壌の生成プロセスは，生物の繁栄を介して進行する有機物蓄積のプロセスとみることもできる．そのプロセスを通して土壌に蓄積した炭素の量は，地球平均で地殻中濃度のおよそ40倍相当，窒素については80倍相当に達している（図7-6）．土壌有機物の多くは，生命を全うした植物が微生物による分解プロセスを経て変質した成分であり，土壌有機物蓄積の始まりは，植物が二酸化炭素を取り込む光合成過程ともいえる．土壌が本来このような特徴をもつことから，昨今では，温室効果ガスとして懸念される大気中二酸化炭素濃度の低減対策として，土壌に炭素を貯留する土壌炭素隔離（soil carbon sequestration）という概念が注目を集めている．

地球規模の炭素循環については，すでに4章で説明したとおりである．土壌は極め

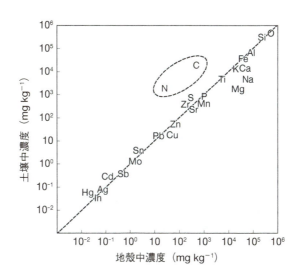

[図7-6] 地殻中と土壌中の元素組成の比較[5]

て大きな炭素貯蔵庫だが，人間の管理によっては炭素排出源にもなりうる．たとえば，先史時代以降，人間による土地利用によって，500 Pgにものぼる多量の土壌有機炭素が分解消失し，二酸化炭素として大気に放出されていった．特に，1850年から2000年の間に失われた土壌有機炭素量は156 Pgにのぼり，その約60％が熱帯林の伐採などによるものと考えられている[6]．人間の土地利用によって失われた土壌有機炭素は，人間の適切な管理によって回復することも可能と考えられる．砂漠化した土地や裸地を適切に管理し，草原や森林に回復させたり，農耕地に堆肥を連用したり，過度の耕起を削減するなど，土壌における生物の繁栄を促すことで，土壌有機物量の回復を図っていく必要がある．

　土壌有機物の蓄積量は，土壌の種類によっても大きく異なる．土壌生成因子の違いは，生成する土壌の種類のみならず，蓄積する有機物量にも当然影響を与える．**表7-1**に，土壌の種類別にみた炭素蓄積量の例をあげた．また，2017年には，世界中の関連研究機関がデータを提供して作成した地球土壌有機態炭素マップ（GSOC map）が国連食糧農業機関（FAO）から公表されている（**図7-7**）．

　ポドゾル（Podzols）は，世界の分布面積485万km^2（陸域の約3％），寒冷湿潤な気候下の針葉樹林植生で生成しやすい土壌である．寒冷で有機物の分解が進みにくいことから，落葉枝などが表層付近に多量に蓄積しやすい．土壌中においても，有機物は

[表7-1] 地球上に分布する代表的土壌とその深度別炭素蓄積量との関係（kg m^{-2}）[7]

土壌分類名	0〜30 cm深	0〜100 cm深	0〜200 cm深
ポドゾル	13.6	24.2	59.1
レプトソル	3.6	—	—
チェルノーゼム	6.0	12.5	19.6
カンビソル	2.0	4.8	8.7
ヴァーティソル	4.5	11.1	19.1
アンドソル	11.4	25.4	31.0

土壌分類名は世界土壌資源照合基準(8.1.2参照)に基づく.

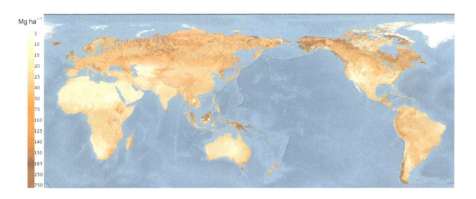

[図7-7] 地球土壌有機態炭素マップ
〔文献8より許可を得て転載〕

二酸化炭素まで分解せず，その途中の有機酸を多量に生成するのが特徴である．そのため，土壌は極度の酸性条件に加え，可溶性有機物が下方に浸透しやすくなり，深層まで有機物が多量に蓄積する（図7-8）．

　チェルノーゼム（Chernozems）は，北米，ユーラシアの降水量が比較的少ない冷涼な中緯度草原地帯（ステップやプレーリー）に分布し，世界の230万km^2（陸域の1.5％）を占める．植生が草原であることから，土壌への有機物の供給にはその多量の根の貢献が大きく，草本類の根系の深さを反映して，深層まで有機物が蓄積することが大きな特徴である（図7-9）．

　アンドソル（Andsols）は，世界の分布面積はわずか110万km^2（約0.7％）で，環太平洋中心に火山から噴出される火山灰を母材にして生成した土壌である．国内では主にその色の黒さとホクホクとした触感から，黒ボク土とよばれている．植物などの

［図7-8］ **ポドゾルの断面**
〔国際土壌照合情報センターより提供〕
多量の有機酸が鉄，アルミニウム成分を溶脱することによってできた漂白層を挟んで，上下に有機含量の高い黒色層（各30 cm程度）が堆積している．

有機物が存在する条件下で，火山灰中の細粒質で風化の速い母材から放出される鉄やアルミニウムが有機物と結合して難分解化するはたらきをもつため，有機物集積が促進されるという特徴を持つ（**図7-10**）．

わが国の全国の農地約2万地点の膨大なデータを解析した結果から，農地の表層土壌に蓄積する炭素量は，水田や樹園地よりも畑地で高いことがわかっている．畑地が主に分布する台地上には，有機物含量が高い火山灰由来の黒ボク土が広がるためである[9]．しかし当然，同じ土壌で構成される土地ならば，利用の仕方で土壌有機物の蓄積量は変化する（図4-4参照）．水田として利用すれば，湛水期間中に土壌への酸素供給量が減少するため嫌気的条件となり，その結果，微生物による有機物分解が抑制されやすくなる．畑地として利用すれば，有機物の分解が進みやすくなるが，同じ畑地であっても，耕起を頻繁に行うか，不耕起で栽培するかによって，

［図7-9］ **チェルノーゼムの断面**
〔米国農務省より提供〕
有機物含量の高い黒色層が70〜100 cm程堆積している．

土壌への酸素供給量が異なる．一般的に，不耕起栽培の方が有機物分解が抑制される．したがって樹園地では，水田と畑地の中間程度の有機物蓄積量となる．農耕地は，農作物という形で有機物が持ち出される土地であるため，堆肥などの有機資材を使って，適切に補っていくことが不可欠である．また，同じ土地を森林として管理すれば，多大なバイオマス生産に加え，農作物のように有機物の持ち出し量が少なくなることと，落葉枝や植物根に含まれる分解速度の遅い成分が土壌に蓄積されていくことで，有機物蓄積量は多くなる．牧草などのイネ科草地として管理すると，チェルノーゼムと同様に，大量の植物根が有機物蓄積に寄与するため，森林よりも2割ほど土壌炭素量が高くなる可能性があるという報告もある[10]．

［図7-10］**アンドソル（黒ボク土）の断面**
〔撮影：著者，熊本県阿蘇周辺〕
有機物含量の高い黒色層が70 cm程堆積している．

7.4 土壌の汚染

　土壌汚染とは，本来土壌に含まれないか，または土壌生態系の物質循環において過剰に存在するものを意味し，多くの場合は生物や生態系に害を及ぼす懸念があるものを指す．これらの中には，重金属，農薬，POPs（残留性有機汚染物質），酸性降下物，放射性物質，家畜糞尿や過剰に蓄積した肥料成分などが含まれる．

　土壌中と地殻中を構成する元素組成の関係はすでに図7-6に示したが，炭素と窒素を除くと土壌中のすべての元素濃度は地殻中の濃度と近い値を示すことがわかる．地殻の成分が土壌となり，その土壌が基礎となり陸上生態系を作り上げる．したがって，本来土壌中には存在しない元素が負荷されたり，また存在していたとしてもその濃度範囲を大きく逸脱して負荷されたりすれば，生態系に何らかの悪影響を及ぼすかもしれないと考えるのが自然である（表7-2）．

[表7-2] **植物および動物の栄養素または毒素としての微量金属の分類**[11)]

元素名	植物に対する		動物に対する	
	必須性	有害性	有益性	有害性
アンチモン	なし	―	なし	有
ヒ素	なし	有	有	有
ベリリウム	なし	有	なし	有
ビスマス	なし	有	なし	有
ホウ素	有	有	なし	―
カドミウム	なし	有	なし	有
クロム	なし	有	有	有
コバルト	有	低い	有	低い
銅	有	有	有	有
鉛	なし	有	なし	有
マンガン	有	有	有	低い
水銀	なし	なし？	なし	有
モリブデン	有	有	有	有
ニッケル	可能性有	有	有	有
セレン	有	有	有	有
銀	なし	なし？	なし	有
スズ	なし	―	有	有
タングステン	なし	―	なし	―
バナジウム	有	有	有	有
亜鉛	有	有	有	有

7.4.1 大気からの汚染

昨今，地域の人間活動や大陸からの越境に由来する大気降下物がもたらす土壌への汚染が懸念されている．特に，酸性降下物が，土壌中の水分に溶けて水素イオン（H^+）を生成し，その水素イオンがカルシウムイオンやマグネシウムイオンなど，塩基陽イオン類と交換反応することで土壌中から徐々に塩基陽イオン類が失われていく．土壌中の交換性塩基陽イオンが失われてとうとう枯渇すると，水素イオンは粘土鉱物の構造自体を破壊し，有害な Al^{3+} イオンなどが溶け出すようになる．

かつてヨーロッパや北米を中心に，1960年代頃から大都市や工業地帯の発展の影響で，石炭などの燃焼に由来する大気中イオウ酸化物が増大し，急激に酸性雨（pH 5.6以下）の被害が顕著になった．酸性雨は広く拡散しながら，多くの湖沼や森林を酸性化させ，魚類や植物など生態系内のさまざまな生物相にも影響を及ぼした．

Part 1 | 土壌の性質と環境

7.4.2 産業がもたらした重金属汚染

　農用地における重篤な重金属汚染例としては，イタイイタイ病を引き起こしたカドミウム汚染がある．これは岐阜県の神通川上流域の三井金属鉱業神岡鉱山で，屋外にズリ（製錬残渣）が山積みされ，降雨により可溶性のカドミウムが大量に溶け出し，河川を汚染したことが原因である．水路を経由して魚や水田，飲用水など広域に汚染が広まった．人体に取り込まれた多量のカドミウムは，骨の沈着作用を阻害し，骨が極めて脆くなる骨軟化症という症状をもたらした．この汚染により流域で稲作を営む多くの人々，特に出産歴のある女性を中心に，カドミウムで汚染された米を常食としていた人々に悲惨な健康被害を引き起こした．一般に土壌汚染は大気や水の汚染と比べ認識しがたいことが甚大化しやすい要因でもある．

　植物体への重金属類の吸収は葉面でも起きるが，主に根から起こると考えてよい．有害元素であるカドミウムは，根近傍で水溶性や交換態などの可給性の形態を有するものが，必須元素であるカルシウムや鉄，亜鉛などの2価陽イオンに関わるトランスポーターによって付随的に吸収されると考えられている．植物体内での重金属類の蓄積比率は植物によって異なるものの，一般に子実＜茎葉＜根の順に高い．水稲の水耕栽培による実験から，出穂・開花期前後に吸収されたカドミウムが特に玄米への移行率が高いことが認められている．一方，水田のような湛水条件下では，土壌の酸化還元電位が低くなり，カドミウム（Cd^{2+}）は硫化水素（H_2S）に由来する硫化物イオン（S^{2-}）と不溶性の沈殿（CdS）を形成しやすいため，水稲に吸収されにくくなることが理論的に示されている[12]．

　この他，わが国に起きた土壌重金属汚染のさまざまな事例研究については，広範囲にまとめられた浅見（2010）[5]を参考にすることをお薦めする．

7.4.3 公害対策と法整備

　わが国では，イタイイタイ病，メチル水銀による熊本，新潟での水俣病，大気汚染による三重県での四日市ぜんそくのいわゆる四大公害病に対処するため，1967年に公害対策基本法（のちの1993年より環境基本法に統合）が施行された．

　1971年には，農用地に関して，カドミウム，銅，ヒ素を対象とした農用地の土壌の汚染防止等に関する法律が施行された（表7-3）．この法律は，基準値に対し一定の要件に該当する地域について，汚染対策地域として指定したうえで，対策計画を策定して，その対策を講じなくてはならないというものである．対策地域の面積や対策の進捗については，農林水産省消費・安全局のHPに公開されている．

Chapter 7 | 土壌と人類とのかかわり（土壌環境問題）

[表7-3] 農用地の土壌の汚染防止等に関する法律で定められた基準値

元素およびその化合物	基準値（測定法）
Cd	コメ1 kg中に含まれる量が0.4 mg（硝酸・硫酸分解法）
Cu	乾土1 kgあたり125 mg（0.1 mol L^{-1}塩酸抽出法）
As	乾土1 kgあたり15 mg（1 mol L^{-1}塩酸抽出法）

　公害対策基本法（その後の環境基本法）に基づき，人の健康の保護および生活環境の保全のうえで維持されることが望ましい基準として，大気や水に次いで，1991年に土壌環境基準が設定された．そしてこれまでに幾度かの改正がなされ，現在，表7-4に示した項目が基準として設定されている．

　ダイオキシン類に関しては，ダイオキシン類対策特別措置法（2000年施行）を根拠に，大気，水に並び土壌汚染の環境基準が別途定められている．

7.4.4 微量金属による汚染

　電池，ガラス，電化製品中のはんだなどには，鉛が極めて幅広く利用されている．かつてはエンジンのノッキングを防ぐアンチノック剤として，ガソリン中にアルキル鉛が混合されており，燃焼後に大気を経由して汚染を引き起こした．鉛は人間によって5,000年にもわたり利用されてきた元素であり，現在，生物圏に存在する鉛のおよそ95％が汚染に由来するものであると報告されている[13]．しかし，鉛の人体への有害性を鑑み，近年，電化製品に使用されるはんだを中心に金属素材の鉛フリー化が急速に進められている．その一方で，代替利用される元素の安全性は必ずしも担保されているわけではなく，環境中の挙動に関する知見も稀少なものばかりである（インジウム，ビスマス，銀）．これらはもともと環境中に微量にしか存在しない元素であり，法律や環境基準で監視されているものではないので，将来何らかの問題を起こす可能性は否定できない．

7.4.5 福島第一原発事故による放射性核種の拡散

　2011年3月11日に発生した東北地方太平洋沖地震に伴う東京電力福島第一原発事故により放出された放射性核種は，広範囲に拡散し，土壌にも多量に沈着した．原発事故に伴う放射性核種の環境中での挙動については，事故以降多くの調査報告書や関連著書が発行されている．詳細はそれら数々の良書をお読みいただきたい[14]．土壌で起こる問題の最も代表的な例を挙げるとすれば，それは半減期の長い放射性セシウム

Part 1 | 土壌の性質と環境

[表7-4] 土壌環境基準

項目	環境上の条件
カドミウム	検液1 Lにつき0.01 mg以下であり，かつ，農用地においては，米1 kgにつき0.4 mg以下であること．
全シアン	検液中に検出されないこと．
有機燐（りん）	検液中に検出されないこと．
鉛	検液1 Lにつき0.01 mg以下であること．
六価クロム	検液1 Lにつき0.05 mg以下であること．
砒（ひ）素	検液1 Lにつき0.01 mg以下であり，かつ，農用地（田に限る.）においては，土壌1 kgにつき15 mg未満であること．
総水銀	検液1 Lにつき0.0005 mg以下であること．
アルキル水銀	検液中に検出されないこと．
PCB	検液中に検出されないこと．
銅	農用地（田に限る.）において，土壌1 kgにつき125 mg未満であること．
ジクロロメタン	検液1 Lにつき0.02 mg以下であること．
四塩化炭素	検液1 Lにつき0.002 mg以下であること．
クロロエチレン（別名塩化ビニル又は塩化ビニルモノマー）	検液1 Lにつき0.002 mg以下であること．
1,2-ジクロロエタン	検液1 Lにつき0.004 mg以下であること．
1,1-ジクロロエチレン	検液1 Lにつき0.1 mg以下であること．
シス-1,2-ジクロロエチレン	検液1 Lにつき0.04 mg以下であること．
1,1,1-トリクロロエタン	検液1 Lにつき1 mg以下であること．
1,1,2-トリクロロエタン	検液1 Lにつき0.006 mg以下であること．
トリクロロエチレン	検液1 Lにつき0.03 mg以下であること．
テトラクロロエチレン	検液1 Lにつき0.01 mg以下であること．
1,3-ジクロロプロペン	検液1 Lにつき0.002 mg以下であること．
チウラム	検液1 Lにつき0.006 mg以下であること．
シマジン	検液1 Lにつき0.003 mg以下であること．
チオベンカルブ	検液1 Lにつき0.02 mg以下であること．
ベンゼン	検液1 Lにつき0.01 mg以下であること．
セレン	検液1 Lにつき0.01 mg以下であること．
ふっ素	検液1 Lにつき0.8 mg以下であること．
ほう素	検液1 Lにつき1 mg以下であること．
1,4-ジオキサン	検液1 Lにつき0.05 mg以下であること．

注：検液の測定方法は項目により異なるが，土壌試料と純水の混合比は，いずれも重量体積比で10%である．項目ごとの測定方法については，環境省HPの「土壌環境基準　別表」(https://www.env.go.jp/kijun/dt1.html) を参照のこと．

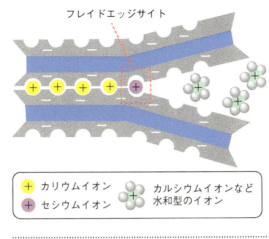

[図7-11] バーミキュライト構造がセシウムイオンを固定するしくみ

(^{134}Cs；2.06年，^{137}Cs；30.2年）などの核種が，土壌に長く滞留してしまうということである．

Csは，同じアルカリ金属であるカリウム（K）と似た特性を持つ元素である．土壌中では，K同様，主に水に溶けてイオンの形態で存在する．したがって，3章で述べたようなしくみで粘土鉱物表面の陽イオン交換サイトなどに容易に吸着する．ただし，Cs$^+$はK$^+$と近いイオン半径（Cs$^+$；0.17 nm，K$^+$；0.14 nm）をもつことから，図3-7～3-9でも示したように，K$^+$同様，2：1型粘土鉱物のバーミキュライトやイライトの層間に強く固定されやすいという特徴を持つ．

もともと層間にK$^+$がびっしりと詰まった構造の雲母が，徐々にその構造末端から風化し，K$^+$が脱離する．脱離したサイト付近は層間が開き，他のイオン類の吸着サイトになりうる．Ca^{2+}やMg^{2+}などの水分子をともなって水和しやすいイオンにとっては交換が容易なサイトとして機能するが，水和水を放出しやすい放射性Cs$^+$にとっては，K$^+$やNH$_4^+$と同様に，強く固定されやすいサイトとして機能する．特に，開いた層間の最奥部分をフレイドエッジサイトとよび，放射性Cs$^+$の固定場として注目されている（図7-11）．バーミキュライトは，雲母類の風化から生成する場合が多く，花崗岩地帯に多く存在する．このように放射性Cs$^+$が強く土壌に固定されるということは，植物への吸収を抑止するうえでは重要だが，土壌から取り除く（除染）ということを極めて困難にするという意味では悩ましい面を持ち合わせている．

放射性Cs$^+$は，土壌有機物中に含まれるカルボキシ基などとも結合するが，こういった吸着サイト上では容易に他のイオンと交換されやすい．また，アルカリ性でより吸着しやすく，日本の土壌のように酸性土壌では吸着能力が相対的に低下する．

7.5 都市化が生態系にもたらす問題（土地被覆・ヒートアイランド・水循環）

現在，地球上の人口の約半数近くが都市域で暮らしている[15]．急速な都市化が進行する中，世界では毎分17 haの速度で土地の人工的被覆が拡大し続けている[16]．南関東における例（図7-12）を見てみると，土地利用の変遷は著しく，森林や農地は減少し，かわって赤く示した都市域が急激に拡大していることがわかる．特に，東京から西側の神奈川方面への開発強度が強く，また，明らかに鉄道網を中心に都市化が進行していることがわかる．

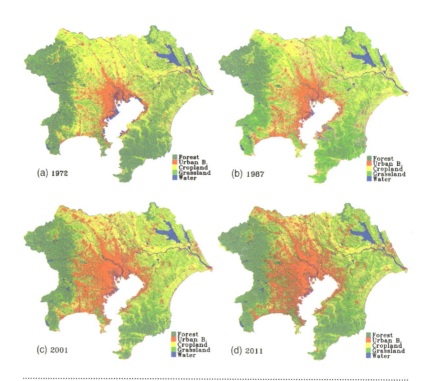

［図7-12］南関東地域にみる土地利用の変遷
〔文献17 Fig.2を許可を得て転載〕

Chapter 7 | 土壌と人類とのかかわり（土壌環境問題）

　本来，自然環境における地中の熱は，風雨による拡散や伝導，また土壌水分の蒸発にともなって大気中へ移動する潜熱輸送など，自然のメカニズムに委ねていれば，適切な熱のサイクルが営まれる．しかし都市域では，建造物や地表面のコンクリートやアスファルトなどの土地被覆により，日射エネルギーを蓄熱して，夜間になっても放熱しがたい状況をつくり出している．このような現象をヒートアイランド現象といい，近い将来人類が克服しなくてはならない重大な地球環境問題の1つである．

　都市域では，蒸発散面積率（緑地＋水面＋農耕地の面積率）が増大すると，ヒートアイランドが緩和されることが明らかにされている[18]．この蒸発散面積率が30％を超えるあたりで都市内外の気温差が4℃程度に安定してくることから，主要都市部で潜熱交換を通して暑熱を緩和するためには，蒸発散面積率を30％以上確保できるような土地利用計画が望ましいとされている[19]．

　熱の調整のほかにも，土壌は，降雨を一旦貯留してゆっくり流出させるという，都市の治水につながる洪水緩和機能や渇水緩和機能を備えている．建造物やコンクリートなどの不透水性面積が増加すると，洪水ピークが増大するばかりでなく，そのピーク到達速度も増す[20]．

　土地被覆は，適切な水や熱のサイクルを遮断し，土壌本来がもつ生物生産機能を消失させるばかりでなく，ほとんどの生態系サービスを消失してしまいかねないので，できる限り回避すべき土地利用形態の1つである．都市であっても，土壌という自然資源は必ず足元に存在する．そのことを理解して，土壌の活かし方を考えていくことが将来環境において重要である．

7.6 土壌が生物の多様性をささえる

　7.3で説明したように，土壌は生物の繁栄をとおして生成するものであり，その証として多量の有機物が土壌に蓄積してきた．図7-13には，土壌で見られる生物の多様性と豊富さを示している．ピラミッドの基部にはたくさんの土壌中および土壌表面に棲息する小さな生物たちが存在している．これら生物たちの間には，食物網構造の上位（食うもの：捕食者）と下位（食われるもの：被食者）の関係があり，一般に，より下位の方が体のサイズは小さく，個体数はより多くなる．人間の目には見えない大きさの数多くの生き物たちに支えられ，より高等な生物の存在やその多様性が守られている．

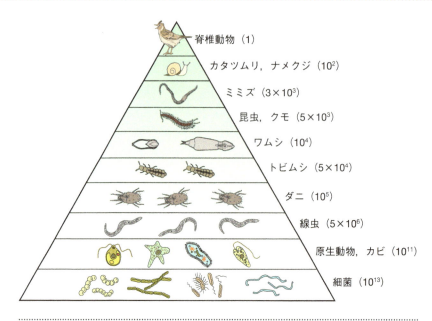

[図7-13] 生物の多様性を支える土壌の生態系ピラミッド[21]
括弧内の数値は表土1m²あたりの推定個体数

[文献]

1. United Nations Convention to Combat Desertification (2017) The global land outlook, first edition, p.31. https://www.unccd.int/publications/global-land-outlook

2. 国土交通省 (2017)『土地白書　平成29年度版』

3. 四国森林管理局 (2014)『大正時代の治山事業調査』http://www.rinya.maff.go.jp/j/gyoumu/gijutu/kenkyu_happyo/attach/pdf/H26_happyo-31.pdf

4. 環境省 (2006)『黄砂ってなに？』http://www.env.go.jp/air/dss/kousa_what/kousa_what.html

5. 浅見輝男 (2010)『日本土壌の有害金属汚染：データで示す　改訂増補』アグネ技術センター

6. Houghton, R. A. (2003) Revised estimates of the annual net flux of carbon to the atmosphere from changes in land use and land management 1850–2000. *Tellus B*, 55 (2), p.378–390.

7. Food and Agriculture Organization of the United Nations (2001) Soil carbon sequestration for improved land management, p.10. http://www.fao.org/3/a-bl001e.pdf

8. Food and Agriculture Organization of the United Nations (2017) Global soil organic carbon map. http://54.229.242.119/apps/GSOCmap.html

9. 農業環境技術研究所 (2007) プレスリリース『日本の農地2万点のデータから土壌炭素の変動実態を解明』http://www.naro.affrc.go.jp/archive/niaes/techdoc/press/071114/press071114.

html

10. Takahashi, M. et al. (2010) Carbon stock in litter, deadwood and soil in Japan's forest sector and its comparison with carbon stock in agricultural soils. *Soil Science and Plant Nutrition*, 56 (1), p.19-30.

11. Pais, I. and Jones, J. B. (1997) The handbook of trace elements, St. Lucie Press.

12. 伊藤秀文・飯村康二 (1975)「土壌の酸化還元状態の変化と水稲のカドミウム吸収応答」,『日本土壌肥料科学雑誌』46 (3), p.82-88.

13. Flegal, A. R. and Smith, D. R. (1995) Measurements of Environmental Lead Contamination and Human Exposure. *Reviews of Environmental Contamination and Toxicology*, 143, p.1-45.

14. 山口紀子ほか (2012)「土壌-植物系における放射性セシウムの挙動とその変動要因」,『農業環境技術研究所報告』31, p.75-129. http://www.naro.affrc.go.jp/archive/niaes/sinfo/publish/bulletin/niaes31-2.pdf

15. 国立社会保障・人口問題研究所 (2017)『世界の主要地域別都市人口割合:1950〜2050年』http://www.ipss.go.jp/syoushika/tohkei/Popular/P_Detail2016.asp?fname=T09-19.htm

16. Food and Agriculture Organization of the United Nations (2016) Soil Sealing. http://www.fao.org/3/a-i6470e.pdf

17. Bagan, H. and Yamagata, Y. (2012) Landsat analysis of urban growth: how Tokyo became the world's largest megacity during the last 40 years. *Remote Sensing of Environment*, 127, p.210-222.

18. 福岡義隆 (1983)「都市の規模とヒートアイランド」,『地理』28 (12), p.34-42.

19. 小宮英孝・岡建雄 (1997)「市街地緑化による熱環境の改善」, 岩田進午・喜田大三監修『土の環境圏』フジ・テクノシステム, p.591-597.

20. 新井正 (2008)「都市水文研究の進め:都市環境のより良い理解のために」,『日本水文科学会誌』38 (2), p.35-42.

21. Lindbo, D. L. et al. (2012) *Know soil know life*. Soil Science Society of America, p51.

土壌の種類と分類

8.1 土壌の種類と分類

1章で述べたように，母材・気候・生物（植生）・地形・時間という土壌生成因子の違いにより，土壌層位の分化が起こり，それぞれの場所に適した土壌が生成している．土壌は，色の違いにより，赤色土や黄色土，黒色土とよばれたり，利用形態の違いにより，畑土壌や水田土壌，林野土壌などとよばれている．また，各地方で特有の地方名称もある．南九州のガラス質の火山灰の「シラス」や，中国地方の風化花崗岩由来の「マサ」などは有名な例である．東京では火山灰を母材とする畑土壌を「こっち」とよび，それに対して生産性の高い土壌を「まっち」とよんだりしている地域もある．

土壌にはさまざまな種類があるが，目的に応じていくつかの分類体系がある．ここではその分類について解説していく．

8.1.1 日本の土壌分類体系

日本の土壌分類体系には，水田や畑，草地などの土壌を分類するものとして旧農業環境技術研究所（現在：農研機構　農業環境変動研究センター）が作成した「農耕地土壌分類」[1]が，林野の土壌を分類するものとして林業試験場が作成した「林野土壌の分類」[2]がある．それぞれ農耕地や林野という地目の利用目的に即した分類体系である．しかし，両者はそれぞれの目的で用いられる分類体系であるため，「林野土壌の分類」で褐色森林土に分類される土壌が「農耕地土壌分類」では森林黒ボク土に分類されるなど，両者に整合性のない部分もある．

国土調査の土地分類基本調査（国土交通省が，土地利用の現況，土地の自然条件（地形，表層地質，土壌など）を調査し地図にまとめた事業）で用いられている土壌分類では，農耕地，林野の両地目の土壌が分類されているが，その多くが「農耕地土壌分類」「林野土壌の分類」の両者を並列したものに過ぎない．

両者を統一的に分類する体系として，日本ペドロジー学会が作成した「日本土壌分

Chapter 8 │ 土壌の種類と分類

類体系」[3]や，「包括的土壌分類」[4]などがある．

A. 農耕地土壌分類

「農耕地土壌分類」は，農林水産省が行った施肥改善土壌調査や地力保全基本調査などの土壌調査事業のとりまとめに用いられた土壌分類体系で，農耕地という地目に対応した土壌分類体系である．1972年の第1次案から発展し，1995年に第3次改訂版として**表8-1**のようにとりまとめられている．この分類では，土壌の大分類から小分類まで4段階のカテゴリーがあり，土壌群（24群）―土壌亜群（77亜群）―土壌統群（204統群）―土壌統（303統）となっている．土壌分類に必要な定義の定量化が図られ，亜群までの定義には，特徴層位や識別特徴といった測定可能な概念を採用し，一定の順序に配列した基準を用いて土壌を分類する（キーアウト）方式が用いられている．

B. 林野土壌の分類

「林野土壌の分類」は，大政のブナ林土壌の研究[5]によって，その基礎が確立された．土壌生成論的にみた土壌形態に基づき，初期は，褐色森林土壌群，ポドゾル土壌群，地下水土壌群の3群にまとめられた．その後，林野庁の国有林野土壌調査，民有林適地適木調査などの知見をもとに，1976年に「林野土壌の分類（1975）」として**表8-2**のようにとりまとめられている．この分類のカテゴリーは土壌群（8）―土壌亜群（22）―土壌型（74）―土壌亜型（12）の4段階になっている．

日本の森林土壌では，尾根から谷までの地形系列による土壌水分の差が，断面形態や土壌構造，養分状態の差となって現れるが，この違いが林木の生産性と密接な関係を持っている．土壌亜群の1つである褐色森林土では，土壌型のレベルで，この違いを7つの土壌（亜）型に分類している（**表8-3**）．

C. 日本土壌分類体系

土壌の生成と分類，利用について研究をする日本ペドロジー学会では，前述の「農耕地土壌分類」や「林野土壌の分類」，国土調査の土壌分類などでは整合性がない部分もあるので，これらを対比できる分類体系として，1986年に「日本の統一的土壌分類体系（第一次案）」を公表し，1990年には第一次案に基づく1/100万日本土壌図をとりまとめた．さらに，2002年には国際的土壌分類体系との整合性も考慮した「日本の統一的土壌分類体系（第二次案）」を公表した．この分類のカテゴリーは，上位カテ

Part 1 | 土壌の性質と環境

[表8-1] 農耕地土壌分類[1]

土壌群・土壌亜群	土壌群・土壌亜群
01　造成土	132　泥炭質グライ低地土
011　台地造成土	133　腐植質グライ低地土
012　低地造成土	134　表層灰色グライ低地土
02　泥炭土	135　還元型グライ低地土
021　高位泥炭土	136　斑鉄型グライ低地土
022　中間泥炭土	14　灰色低地土
023　低位泥炭土	141　硫酸酸性質灰色低地土
03　黒泥土	142　腐植質灰色低地土
030　普通黒泥土	143　表層グライ化灰色低地土
04　ポドゾル	144　グライ化灰色低地土
040　普通ポドゾル	145　下層黒ボク灰色低地土
05　砂丘未熟土	146　普通灰色低地土
051　湿性砂丘未熟土	15　未熟低地土
052　腐植質砂丘未熟土	151　湿性未熟低地土
053　普通砂丘未熟土	152　普通未熟低地土
06　火山放出物未熟土	16　褐色低地土
061　湿性火山放出物未熟土	161　湿性褐色低地土
062　腐植質火山放出物未熟土	162　腐植質褐色低地土
063　普通火山放出物未熟土	163　水田化褐色低地土
07　黒ボクグライ土	164　普通褐色低地土
071　泥炭質黒ボクグライ土	17　グライ台地土
072　厚層黒ボクグライ土	171　腐植質グライ台地土
073　普通黒ボクグライ土	172　普通グライ台地土
08　多湿黒ボク土	18　灰色台地土
081　下層台地多湿黒ボク土	181　腐植質灰色台地土
082　下層低地多湿黒ボク土	182　普通灰色台地土
083　厚層多湿黒ボク土	19　岩屑土
084　普通多湿黒ボク土	190　普通岩屑土
09　森林黒ボク土	20　陸成未熟土
090　普通森林黒ボク土	200　普通陸成未熟土
10　非アロフェン質黒ボク土	21　暗赤色土
101　水田化非アロフェン質黒ボク土	211　石灰型暗赤色土
102　厚層非アロフェン質黒ボク土	212　酸性型暗赤色土
103　普通非アロフェン質黒ボク土	213　普通暗赤色土
11　黒ボク土	22　赤色土
111　水田化黒ボク土	221　湿性赤色土
112　下層台地黒ボク土	222　普通赤色土
113　下層低地黒ボク土	23　黄色土
114　淡色黒ボク土	231　湿性黄色土
115　厚層黒ボク土	232　ばん土質黄色土
116　普通黒ボク土	233　水田化黄色土
12　低地水田土	234　腐植質黄色土
121　漂白化低地水田土	235　灰白化黄色土
122　表層グライ化低地水田土	236　山地黄色土
123　下層褐色低地水田土	237　台地黄色土
124　湿性低地水田土	24　褐色森林土
125　灰色化低地水田土	241　湿性褐色森林土
13　グライ低地土	242　ばん土質褐色森林土
131　硫酸酸性質グライ低地土	243　腐植質褐色森林土
	244　塩基型褐色森林土
	245　山地褐色森林土
	246　台地褐色森林土

Chapter 8 | 土壌の種類と分類

[表8-2] 林野土壌の分類[2]

土壌群・土壌亜群	土壌群・土壌亜群
P　ポドゾル	DR　暗赤色土
P$_D$　乾性ポドゾル	eDR　塩基系暗赤色土
P$_W$(i)　湿性鉄型ポドゾル	dDR　非塩基系暗赤色土
P$_W$(h)　湿性腐植型ポドゾル	vDR　火山系暗赤色土
B　褐色森林土	G　グライ
B　褐色森林土	G　グライ
dB　暗色系褐色森林土	psG　偽似グライ
rB　赤色系褐色森林土	PG　グライポドゾル
yB　黄色系褐色森林土	Pt　泥炭土
gB　表層グライ化褐色森林土	Pt　泥炭土
RY　赤・黄色土	Mc　黒泥土
R　赤色土	Pp　泥炭ポドゾル
Y　黄色土	Im　未熟土
gRY　表層グライ系赤・黄色土	Im　未熟土
Bl　黒色土	Er　受蝕土
Bl　黒色土	
lBl　淡黒色土	

[表8-3] 褐色森林土土壌亜群の土壌型での小分類[2]

土壌亜群	土壌型
B　褐色森林土	B$_A$　乾性褐色森林土（細粒状構造型）
	B$_B$　乾性褐色森林土（粒状・堅果状構造型）
	B$_C$　弱乾性褐色森林土
	B$_D$　適潤性褐色森林土
	B$_{D(d)}$　適潤性褐色森林土（偏乾亜型）
	B$_E$　弱湿性褐色森林土
	B$_F$　湿性褐色森林土

ゴリーから順に土壌大群（10）—土壌群（31）—土壌亜群（116）の3段階になってい
て，特徴土層や識別特徴によるキーアウト方式が用いられている．

　一方，旧農業環境技術研究所では，「日本の統一的土壌分類体系（第二次案）」をよ
り実用的な分類とするため，発展させ，下位のカテゴリーまで分類できる「包括的土
壌分類　第1次試案」を2011年に発表した．この分類でのカテゴリーは，土壌大群
（10）—土壌群（27）—土壌亜群（116）—土壌統群（381）の4段階になっていて，特
徴層位や識別特徴，識別物質によるキーアウト方式が用いられている．

101

Part 1 | 土壌の性質と環境

[表8-4] 日本土壌分類体系[3]

大群	土壌群	土壌亜群
造成土大群	人工物質土	有機質，硬盤型，無機質
	盛土造成土	台地，低地
有機質土大群	泥炭土	腐朽質，高位，中間，低位
黒ボク土大群	ポドゾル化黒ボク土	表層泥炭質，表層疑似グライ化，湿性，普通
	未熟黒ボク土	湿性，腐植質，埋没腐植質，普通
	グライ黒ボク土	泥炭質，厚層，普通
	多湿黒ボク土	泥炭質，下層台地，下層低地，厚層，普通
	非アロフェン質黒ボク土	水田化，厚層，埋没腐植質，腐植質，腐植質褐色，湿性，普通
	アロフェン質黒ボク土	水田化，下層台地，下層低地，厚層，埋没腐植質，腐植質，腐植質褐色，湿性，普通
ポドゾル大群	ポドゾル	表層泥炭質，湿性，表層疑似グライ化，疑似グライ化，普通
沖積土大群	沖積水田土	漂白化，表層グライ化，下層褐色，湿性，普通
	グライ沖積土	硫酸酸性質，泥炭質，腐植質，表層灰色，還元型，斑鉄型
	灰色沖積土	硫酸酸性質，泥炭質，腐植質，表層グライ化，下層黒ボク，普通
	褐色沖積土	湿性，腐植質，水田化，普通
	未熟沖積土	湿性，普通
赤黄色土大群	粘土集積赤黄色土	水田化，灰白化，疑似グライ化，湿性，腐植質，赤色，普通
	風化変質赤黄色土	水田化，灰白化，疑似グライ化，湿性，腐植質，赤色，ばん土質，普通
停滞水成土大群	停滞水グライ土	水田型，表層泥炭質，腐植質，普通
	疑似グライ土	水田化，地下水型，腐植質，褐色，普通
富塩基土大群	マグネシウム型富塩基土	粘土集積，普通
	カルシウム型富塩基土	粘土集積，普通
褐色森林土大群	褐色森林土	水田化，ばん土質，ポドゾル化，腐植質，下層赤黄色，湿性，表層グライ化，塩基型，普通
未熟土大群	火山放出物未熟土	湿性，普通
	砂質未熟土	石灰質，湿性，普通
	固結岩屑土	石灰質，湿性，普通
	陸成未熟土	泥灰岩質，石灰質，軟岩型，花崗岩型，普通

その後2017年に，日本ペドロジー学会では，「包括的土壌分類　第1次試案」をもとに，「林野土壌の分類」とのさらなる融合をはかり，農地と林地の土壌分類を統一する「日本土壌分類体系」（**表8-4**）を公表した．この分類でのカテゴリーは，土壌大群（10）—土壌群（26）—土壌亜群（119）の3段階になっていて，特徴層位や識別特徴，識別物質などによるキーアウト方式が用いられている．

8.1.2 世界の土壌分類体系

世界的な分類体系としては，国際土壌科学連合の世界土壌照合基準（WRB）と，アメリカ農務省の土壌分類（Soil Taxonomy）がある．

A. 世界土壌照合基準

世界土壌照合基準は，FAO/Unescoが1974年に世界土壌図を作成した凡例の改訂が契機となっている．世界土壌図の作成と同時に進められていた土壌分類国際参照基準をつくる動きと統合され，土壌が資源であることに着目し，1998年に「World Reference Base for Soil Resources（邦題：世界の土壌資源—照合基準—）」が作成された．その後2006年，2014年，2015年に改訂版が公表された．この分類では上位のレベルに32の照合土壌群があり，これは特徴層位，識別特徴および識別物質によってキーアウト方式で分類される．下位のレベルでは固有の限定的な修飾語を付けて，個々の土壌断面の正確な特徴付けと分類を行う（**表8-5**）[6]．

B. アメリカ農務省の土壌分類

アメリカの土壌分類は，アメリカの農務省が世界の土壌研究者の協力を得て，1975年にSoil Taxonomyとして公表され，1999年には二版が公表されている[7]．この分類は，目Order（12）—亜目Suborder（64）—大群Great Group（315）—亜群Subgroup（2,446）—ファミリー Family（4,500）—統Series（10,500）の6つのカテゴリーから成る．特徴表層や特徴次表層，識別特徴を用いて，亜群までキーアウト方式で分類する．数年ごとに本分類体系のハンドブックとして刊行される「Keys to Soil Taxonomy」で見直されて，変更されている．

これらの分類体系は随時変更されており，インターネット上に公開されている．

8.1.3 日本の主な土壌型の分布と性質

日本は，湿潤な亜寒帯～亜熱帯気候下にあり，火山が多く，地質や地形が複雑で，

Part 1 | 土壌の性質と環境

［表8-5］ 世界土壌照合基準の分類体系[6]

照合土壌群	土壌の特徴
有機質土壌	
ヒストソル（Histosols）	厚い有機質層を持つ土壌
人の影響が強い土壌	
アンスロソル（Anthrosols）	長年の集約的な農業利用があった土壌
テクノソル（Technosols）	人工物を多く含む土壌
根の伸長が抑制されている土壌	
クライオソル（Cryosols）	永久凍土の影響を受けた土壌
レプトソル（Leptosols）	土層が薄いか礫が多い土壌
ソロネッツ（Solonetz）	交換性ナトリウムが多い土壌（アルカリ土壌）
バーティソル（Vertisols）	乾湿で膨潤収縮する粘土の土壌
ソロンチャック （Solonchaks）	可溶性塩類濃度が高い土壌（塩類化土壌）
Fe/Alの化学性に特徴がある土壌	
グライソル（Gleysols）	地下水や湛水条件下にある土壌（グライ層を持つ）
アンドソル（Andosols）	アロフェンかAl-腐植複合体を持つ土壌（火山灰土壌）
ポドゾル（Podzols）	次表層に腐植およびまたは酸化物が集積した土壌
プリンソル（Plinthosols）	鉄が集積し再分配された土壌
ニティソル（Nitisols）	陽イオン交換容量が低く，鉄酸化物が多い構造の発達した土壌
フェラルソル（Ferralsols）	カオリン鉱物と酸化物が優勢な土壌
プラノソル（Planosols）	停滞水があり，土性に明瞭な違いがある土壌
スタグノソル（Stagnosols）	停滞水があり，構造が異なり土性に違いがある土壌
無機質表層に顕著に有機物が集積している土壌	
チェルノーゼム （Chernozems）	黒色の表層と石灰質の下層土を持つ土壌
カスタノーゼム （Kastanozems）	暗色の表層と石灰質の下層を持つ土壌
ファエオゼム（Phaeozems）	黒色の表層と石灰質の下層土はないが塩基飽和度が高い土壌
アンブリソル（Umbrisols）	暗色の表層を持ち，塩基飽和度は低い土壌
適度に塩類が集積しているか塩類が無い土壌	
デュリソル（Durisols）	ケイ酸塩の集積層または固結層を持つ土壌
ジプシソル（Gypsisols）	石膏の集積層をもつ土壌
カルシソル（Calcisols）	石灰の固結層をもつ土壌
粘土に富む下層土を持つ土壌	
レティソル（Retisols）	粘土が集積した層に漂白層が侵入した土壌
アクリソル（Acrisols）	陽イオン交換容量が低く，塩基飽和度も低い土壌

リキシソル（Lixisols）	陽イオン交換容量が低く，塩基飽和度が高い土壌
アリソル（Alisols）	陽イオン交換容量が高く，塩基飽和度が低い土壌
ルビソル（Luvisols）	陽イオン交換容量が高く，塩基飽和度も高い土壌
土壌断面にほとんど違いが無い土壌	
カンビソル（Cambisols）	適度に構造の発達した土壌
アレノソル（Arenosols）	砂質土壌
フルビソル（Fluvisols）	沖積土壌
レゴソル（Regosols）	土壌層位の発達が見られない土壌

急流河川が多い．そのため以下のような性質がある．

①緯度に沿って同種の土壌が生成されるほか，標高の違いによって土壌分布が生じる．

②山地が多く比較的未熟な森林土壌が多い．

③降雨が多く水の移動は下方への移動量の方が多く酸性土壌が多い．

④火山灰由来の黒ボク土が多い．

⑤低地には地形のわずかな違いによるグライ土―灰色低地土―褐色低地土という地下水位土壌型類と，川などから長年水を引いて農地を潤してきた水田耕作下で生成した灌漑水型の水田土壌が発達している．

表8-6に，20万分の1土壌図の土壌大群別の分布面積を示した．土壌は，面積が多い順に，黒ボク土＞褐色森林土≫低地土＞赤黄色土＞未熟土＞ポドゾルとなっている．

①黒ボク土：主に火山灰などの火山放出物に由来する土壌である．北海道，東北，関東，九州などの火山の多い地域の丘陵，台地に広く分布している．通常，暗色（森林の土壌では暗色を示さないものもある）の厚い腐植質表土と褐色～黄褐色の下層土を持つ．腐植は活性アルミニウムと結合して，安定的に蓄積されている．軽しょうで，容積重が小さく，高いリン酸保持力を示す．活性アルミニウムの主体が，非晶質のアロフェンであるアロフェン質の黒ボク土と，アルミ／鉄−腐植複合体で強酸性を示す非アロフェン質の黒ボク土とがある．国土の2分の1を占め最も面積が大きい．

②褐色森林土：湿潤温帯の落葉～常緑広葉樹林または広葉針葉混交林下に発達する土壌である．粒状構造の表土と粘土化作用によりできた塊状構造の発達した下層土をもつ．この土壌は断面内の物質移動があまりないのが特徴で，日本では降雨が多いため塩基が溶脱され酸性のものが多い．山地に広く分布し，国土の3分の1を占める．

Part 1 | 土壌の性質と環境

[表8-6] 各地域の土壌大群別の分布面積 (km²)[8]

大群名	北海道	東北	関東・東山	北陸	東海	近畿	中国・四国	九州沖縄	全国
造成土	0	0	0	0	0	12	0	94	107
有機質土	2,701	829	538	139	117	37	3	40	4,403
ポドゾル	993	3,666	1,990	767	850	31	0	1	8,297
黒ボク土	33,182	24,087	24,515	5,181	5,277	2,409	4,313	14,516	113,481
暗赤色土	180	27	3	41	78	259	367	793	1,748
低地土	8,326	9,357	8,321	5,120	4,107	4,385	6,686	5,784	52,805
赤黄色土	749	4,469	326	1,617	3,447	6,422	11,954	8,309	37,294
停滞水成土	1,500	0	154	748	385	150	8	1	2,946
褐色森林土	23,719	18,027	8,466	8,279	10,511	9,839	20,950	11,298	111,089
未熟土	6,373	4,072	3,039	1,548	2,919	1,184	5,002	1,927	26,065
岩石地	0	1,432	698	1,201	135	246	140	165	4,016
その他	3,279	747	1,093	174	344	959	202	1,848	8,645
合計	81,001	66,714	49,142	24,814	28,170	25,933	49,626	44,775	370,175

③低地土：低地土の中でも灰色低地土とグライ土の面積が大きい．灰色低地土は，土壌断面の大部分が季節的に変動する地下水の影響により弱い還元を受ける結果，鉄やマンガンの斑紋（9.4参照）をもつ灰色の下層土をもつ．自然堤防と後背湿地の中間，扇状地性の平野，人為的に排水された地域などに分布する．主に水田として利用されている．

　グライ土は，地下水が高く，微生物が有機物を分解する過程で強い還元状態になり生成した土壌である．還元層はグライ層とよばれ，青灰色で2価鉄を含む．後背湿地，旧河道，谷底平野，海岸平野，干拓地などに分布する．排水が悪く，水田として利用されている．

④赤黄色土：湿潤亜熱帯〜熱帯の常緑広葉樹林気候下に発達する土壌である．西南日本を中心に台地，丘陵地に分布する．有機物の分解が早く表土の発達は弱い．下層土は強い風化のため鉱物の風化と塩基の溶脱が進み，赤褐，橙，明黄褐色を呈している．典型的なものは下層土に粘土集積が見られ，強粘質で，強酸性である．石灰岩や超塩基性岩に由来する暗赤色土も，国土調査ではこの分類の中に含まれる．

⑤未熟土：海岸の砂丘や風化が進んでいない火山放出物など，層位分化が進んでい

ない未熟な土壌である．

⑥ポドゾル：主に北海道〜中部の亜高山針葉樹林下に発達する土壌で，漂白化洗脱層と有機物，鉄・アルミニウムの集積層からなる断面形態を持つ．

［文献］

1. 農耕地土壌分類委員会 (1995)「農耕地土壌分類：第3次改訂版」,『農業環境技術研究所資料』17

2. 林野庁林業試験場土壌部 (1976)「林野土壌の分類（1975）」,『林業試験場研究報告』280, p.1-28.

3. 日本ペドロジー学会第五次土壌分類・命名委員会 (2017)『日本土壌分類体系』日本ペドロジー学会

4. 小原洋ほか (2011)「包括的土壌分類第1次試案」,『農業環境技術研究所報告』29

5. 大政正隆 (1952)「ブナ林土壌の研究：特に東北地方のブナ林土壌について」,『林野土壌調査報告』1, p.1-243.

6. Iuss Working Group Wrb. (2015). World Reference Base for Soil Resources 2014, update 2015 International soil classification system for naming soils and creating legends for soil maps. *World Soil Resources Reports,* 106.

7. Soil Survey Staff. (1999) Soil taxonomy, 2nd edition. *U.S. Department of Agriculture Handbook*, 436.

8. 小原洋ほか (2016)「包括的土壌分類第1次試案に基づいた1/20万日本土壌図」,『農業環境技術研究所報告』37, p.133-148.

Part 1 | 土壌の性質と環境

Chapter 9 土壌調査

9.1 土壌調査は何を調べるのか ── 土壌調査票での調査項目

　土壌調査の目的は土壌を正しく認識することにある．土壌生成因子の反映である土壌断面の形態を観察，記録することにより，土壌生成過程の解明，農業利用上の土壌管理・改良，土壌図作成，環境アセスメントなどのための基礎資料を得ることができる．

　研究者はさまざまな目的で土壌試料を実験室に持ち帰り，物理性，化学性などを調べるが，実験室で得られたデータだけではなく，土壌調査の結果と照らしあわせ検討を加えることによって，土壌を環境の産物である歴史的自然体としてとらえることが可能となる．土壌調査は，土壌を研究するうえで最も基本的な作業である．

　土壌調査では，目的に沿うように調査地点を選定し，調査地点についての記録を行う．まずは，任意につけた調査地点の地点番号，土壌名，調査地点の所在地名と，可能なかぎり所有者・耕作者，事業区・林班名（林業における森林区間の単位）・地番，緯度・経度を記録しておく．次に，調査日・時間，天候を記載する．また，調査地域の気候，地質（母岩）・母材・堆積様式，地形，侵食の状況，土地利用，植生および排水状況を調べて記載する．また，地域の自然的，社会的環境や土壌管理の実態などの聞き取り調査も重要である．

　その後，土壌を試掘し，土壌断面の調査を行う．層位（深さ）・層界（層位間の形状や明瞭さ），土色，斑紋・結核，有機物の量（泥炭・黒泥），土性，礫，構造，コンシステンス（粘着性・可塑性・ち密度，堅さおよび易砕性），キュータン（粘土の被膜など），孔隙，根・生物活動，乾湿と地下水位，2価鉄や活性アルミニウムなどの土壌反応について記録する．

9.2 土色

　土壌調査において，土色を知ることは重要である．土色が，土壌の最も重要な形態

的特徴の1つで，土壌の化学性，物理性，生物性をよく表しているためである．その
ため，多くの土壌の名称（黒ボク土，赤色土，褐色森林土，灰色低地土など）に色を
表す言葉が含まれる．土色は土壌を同定するために有効で重要な特徴となっている．

　土壌の色を決める要因は大きく3つある．1つ目は母材の色である．磁鉄鉱など黒い
色の母材もあるが，風化が進んでいない多くの母材は白〜灰色をしている．2つ目は
鉄化合物の色である．ここで鉄化合物とは，鉄の酸化物や水酸化物を指し，これらを
含む土壌は赤〜黄色を示す．ときに水田などの湛水状態で還元した土壌では青色を示
すこともある．3つ目は腐植 (2.4.1参照) で，腐植を多く含む土壌ほど土壌の暗色が増
す．

9.2.1 土壌の色を決める要因

A. 鉄化合物の生成と色

　風化が進んでいない母材の色は基本的には白〜灰色だが，風化が進むと一次鉱物の
中の鉄が溶け出し，鉄の酸化物・水酸化物として土壌粒子の表面に沈着する．土壌の
鉄含量は重量比で5%前後とそれほど多くはないが，土壌粒子の表面に沈着するため，
鉄の酸化物・水酸化物などの鉄化合物の色が土壌の色を特徴づけている．これら鉄の
酸化物・水酸化物は一括して遊離酸化鉄とよばれている．土壌中の主な遊離酸化鉄は，
ヘマタイトや，ゲータイト，レピドクロサイト，マグネタイト，フェリハイドライト
などである（表9-1）．

　このように土壌がおかれた環境により生成する鉄化合物が異なり，土色にも差が生
じる．湿潤・温帯地域などの酸化状態では，ゲータイトが主である黄色土が，熱帯や
亜熱帯地域では，ヘマタイトが主である赤色土が生成する．

　水田など湛水する条件下では，土壌微生物によって土壌中の酸素が使われて土壌が
還元状態となる．還元状態になると，鉄還元菌によりFe^{3+}がFe^{2+}へと還元され，多

[表9-1] 土壌中の主な遊離酸化鉄

遊離酸化物	化学式	結晶状態	色
ヘマタイト	Fe_2O_3	結晶質	赤色
ゲータイト	$\alpha\text{-}FeO(OH)$	結晶質	黄〜赤褐色
レピドクロサイト	$\gamma\text{-}FeO(OH)$	結晶質	黄〜赤褐色
マグネタイト	Fe_3O_4	結晶質	黒色
フェリハイドライト	$Fe_5O_3(OH)_9$	準晶質	赤褐色

Part 1 | 土壌の性質と環境

量の Fe^{2+} のため，土色は青色となり，グライ土が生成する．

B. 腐植の生成と色

　落葉落枝などの植物遺体として土壌に加えられた有機物は，主として土壌生物のはたらきによって分解されていく．落ちて間もない落葉落枝は，ミミズやワラジムシなどの土壌動物によって摂食されて粉砕され，さらに土壌微生物により分解されていく．その過程で，リグニン（植物の木化に関係するフェノール性高分子化合物）の分解と分解生成物の再重合，アミノ基とカルボニル基によるアミノカルボニル反応，ポリフェノールの遊離基が反応して起こるラジカル重合などが，生物的・非生物的に進行して，腐植物質が生成していく．さらに腐植物質は，粘土表面や活性アルミニウム・鉄酸化物に吸着され，それらの触媒作用によって，さらに多くの共役二重結合を含む物質へと変化していく．

　このように，土壌という環境で生成した土壌固有の暗色無定形の高分子有機化合物が腐植物質である．腐植物質が黒色を呈する理由は，共役二重結合が多く，それらの結合の長さがさまざまであるという分子構造の特徴にある．共役二重結合には長波長側の光を吸収する性質があるが，その結合の長さによって吸収波長が異なる．したがって，さまざまな長さの共役二重結合が存在すると，それぞれ異なる波長の光を吸収し，黒色を呈するのである．

9.2.2 土色の表し方と区分

　土色の表示はマンセル表色系に準じた新版標準土色帳（農林水産書農林技術会議監修）を用いて行う．マンセル表色系では，すべての色が，色相（赤，黄，青などの色味），明度（色の明るさ），彩度（色の鮮やかさ・強さ）の3つの属性で表される．

　表9-2は土色と特徴土層との関係を示したものである．土層の土色名とマンセルの属性の関係を見てみよう．色相にかかわらず，明度3未満の土色を黒〜黒褐とし，明度／彩度が，3/3未満の土色を持つ層位を腐植質表層または多腐植質表層としている．これは腐植含量が多いほど土色が暗くなるからである．ここで，土色の明度によって，その土壌の有機物含量を推定する方法も紹介しておこう．表9-3に，土色の明度によるおおよその有機物含量の判定法を示す．たとえば，明度が3未満であれば，その土壌の有機物含量は5％以上であり，すなわち腐植質層であると推定できる．

　表9-2に戻ろう．色相が10R〜7.5Yで明度≧3，彩度<3の土色を灰色としている．腐植層ではなく（明度≧3），風化が進んで生成する遊離酸化鉄の色を持たず（彩度

Chapter 9 | 土壌調査

[表9-2] 土色と特徴土層との関係[1]

土層	色相	明度	彩度	備考
腐植質表層		≦3 3/3 を除く	≦3	腐植5〜10% 層厚≧25 cm
多腐植質表層		≦3 3/3 を除く	≦3	腐植≧10% 層厚≧25 cm
赤	10R〜5YR	≧4	≧3	4/3, 4/4を除く
暗赤	10R〜5YR	≦3	≧3, <6	4/3, 4/4を含む
黄	7.5YR〜7.5Y	≧3	≧6	3/6, 4/6を除く
黄褐	7.5YR〜7.5Y	≧3	≧3, <6	3/6, 4/6を含む
灰	10R〜7.5Y, N	≧3	<3	
青灰	10Y〜青緑			
黒〜黒褐		<3		

[表9-3] 土色の明度によるおおよその有機物含量の判定[1]

区分	有機物量（腐植%）	土色の明度による判定の目安
あり	<2	5〜7（明色）
含む	2〜5	4〜5（やや暗色）
富む	5〜10	2〜3（黒色）
すこぶる富む	10〜20	1〜2（著しく黒色）
有機質土層	≧20	≦2（軽しょうで真黒色）

<3），元の母材の色を持った土層の色を示している．この灰色の土層は，未風化で母材のままの色を呈する未熟低地土や陸生未熟土の土層か，灌漑水の還元作用によって遊離酸化鉄の色が抜けたか，排水によってグライ層のFe^{2+}が酸化されて青灰色が抜けた灰色低地土や灰色台地土の土層の色である．

　色相7.5YR〜7.5Yで，明度≧3以上の土色を彩度≦6と彩度>6で分け，それぞれ黄褐色と黄色としており，色相10R〜5YRで，明度≧3以上の土色を彩度≦6と彩度>6で分け，それぞれ暗赤色と赤色にしている．彩度が>6と大きい土壌は風化が進んでいることを示している．また，色相は風化の状況を示し，色相10R〜5YRの赤色の土壌は熱帯などの風化程度の強い土壌であることを示している．ただし，土色の暗赤色は，石灰岩や超塩基性岩などの塩基性岩石を母材とする暗赤色土の土層である．色相が10Yより青い土色を青灰としている．これはFe^{2+}の存在によって青くなったグラ

イ層を指す．ただし，グライ層の定義には，ジピリジル反応が即時鮮明か，物理的に未成熟であることが必要である．

9.3 土性

土性は，細土（2 mm以下）の砂，シルト，粘土の3成分の重量組成で，土性三角図表（図9-1）に当てはめて区分する．土壌粒子は大きさによって鉱物学的，物理化学的性質が異なるため，定性的に土壌の物理性や化学性と深い関係があるので，土壌の基本的性質の1つとして重視されている．土壌を構成する砂，シルト，粘土の無機質の粒子は，粒径によって，表9-4のように区分されている．粘土の粒径に分類される無機質の粒子は，その多くが土壌生成作用により産生される粘土鉱物である．

土性は，実験室での粒径組成の結果から決めるが，現場で手ざわりや肉眼的観察によって，

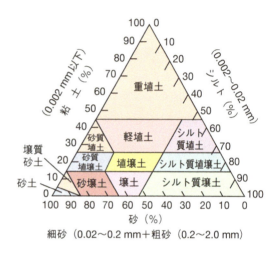

[図9-1] 三角図法による土性表示[1]

[表9-4] 土壌の粒度区分[2]

区分の名称	粒径（nm）	理化学性
礫（gravel）	2以上	表面積が小さく，土壌の理化学性にはほとんど寄与しない．
粗砂（coarse sand）	2〜0.2	表面積が小さく，土壌の理化学性に対する寄与が小さい．しかし，粒子間に毛管力による水分保持，孔隙率の増大，通気，排水の促進に役立つ．
細砂（fine sand）	0.2〜0.02	
シルト（silt）	0.02〜0.002	砂と粘土の中間的性質を持つ．粘着性はないが，弱い凝集力を示す．
粘土（clay）	0.002以下	表面積が大きく，コロイドとしての性質を強く示す．水の吸着保持，イオン交換，コンシステンシーなどの土壌の重要な理化学性に大きく寄与する．

Chapter 9 | 土壌調査

[表9-5] 野外土性の判定の目安[1)]

土性	判定法
砂土（S）	ほとんど砂ばかりで，ねばり気をまったく感じない．
砂壌土（SL）	砂の感じが強く，ねばり気はわずかしかない．
壌土（L）	ある程度砂を感じ，ねばり気もある．砂と粘土が同じくらいに感じられる．
シルト質壌土（SiL）	砂はあまり感じないが，サラサラした小麦粉のような感触がある．
埴壌土（CL）	わずかに砂を感じるが，かなりねばる．
軽埴土（LiC）	ほとんど砂を感じないで，よくねばる．
重埴土（HC）	砂を感じないで，非常によくねばる．

おおよその判定を行うことができ，表9-5のような目安にしたがって土性を決める．
この方法で決めた土性を野外土性という．

　土壌は，各無機粒子がバラバラに存在しているのではなく，そのほとんどが粒団を
構成して存在している．野外土性を判定するには，各粒子の結びつきをバラバラにす
るようにして判定する必要がある．採取した土の塊に，可塑性が最大になるように適
量の水を加えたのち，指でこねて，砂の感触の程度，粘り具合，またどの程度まで細
く長くのばせるかなどを調べ，表9-5に示した目安にしたがって判定する．

9.4 斑紋・結核

　斑紋や結核は，土壌が水の影響によって還元・酸化したときに生じるもので，土壌
の水環境を知るのに重要な項目である．

　水田土壌などで湛水すると，土壌微生物によって酸素が消費されて土壌が還元状態
になる．還元状態では，鉄やマンガンが還元されて2価のイオンとなり可溶化する．
水を抜くなどして土壌に酸素が供給されると，溶けていた鉄やマンガンが酸化されて
沈殿する．このように沈殿してできた鉄やマンガンの斑紋様や硬い殻を斑紋・結核と
いう．斑紋は鉄の沈殿などの色が周囲と区別し判別できるものを，結核はある成分が
濃縮して硬化したものを指す．斑紋や結核の形態と存在量から，水田土壌では乾田化
の程度と地下水位の動き，畑土壌では還元過湿の程度を知ることができる．

　地下水位が低く，冬季に水がなくなる乾田土壌では，図6-3のように，イネの栽培
期に灌漑の影響により作土層の鉄やマンガンが還元・溶脱して，下層の酸化的下層土
で酸化されて沈殿する．このようにできた斑紋・結核がみられる土壌を灌漑水湿性と

113

Part 1 | 土壌の性質と環境

[表9-6] 斑紋・結核の形状[1]

区分	基準
糸根状	イネの根の跡などに添った条線状のもの．主に作土に形成される．
膜状	割れ目または構造体表面を被覆する薄膜状のもの．主に作土やグライ層に形成される．
管状	根の孔に沿ってできる点は糸根状と同じであるが，肉厚のパイプ状のもの．外縁部の輪郭が不鮮明なものを特に暈管状とよぶことがある．主にグライ層や地下水湿性の灰色の下層土に形成される．
不定形	作土やグライ層の上端付近に見られる不定形斑状のもの．雲状と混同されやすいが，この鉄の斑紋は，雲状とは逆に，孔隙や構造面から基質の方へ広がっていて，両者は生成過程がまったく異なる．
糸状	細かい孔隙に沿った糸状のもの．膜状に広がっていることが多い．灌漑水湿性水田の鉄集積層を形成していることが多い．
点状	基質中に斑点状に析出したもの．ほとんどが黒褐色のマンガン斑．
雲状	基質中に見られる輪郭不鮮明な不定形斑状のもの．ほとんどがオレンジ色の斑鉄で，孔隙や構造面に近づくにつれ次第に薄れ，灰色に変わる．灌漑水湿性水田土壌の下層土や湿性な台地土の疑似グライ化層に形成される．

いう．

　一方，湿田や湿地などで，地下水位が高い水田土壌では，地下水が高い時期に土壌は還元状態となり，鉄やマンガンは灌漑水に溶解する．灌漑水に溶解した鉄やマンガンは地下水位の上下により酸化したときに斑紋・結核として沈殿する．このようにできた斑紋・結核がみられる土壌を地下水湿性という．

　水田土壌の下層土の斑紋は，これらの生成条件を反映して，**表9-6**のように区分できる．灌漑水湿性の下でできる斑紋は，雲状・糸状・点状・糸根状で，地下水湿性の下でできる斑紋は，管状・膜状・不定形・糸根状である．したがって，下層土の雲状・糸状・点状斑紋は灌漑水湿性を表す指標として，管状・膜状の斑紋は地下水湿性を表す指標として用いられている．

9.5 層位名

　土壌は，様々な土壌生成因子の相互作用の結果として，**表9-7**に代表されるような土壌生成作用により，土壌層位の分化が起こり，それぞれ特有の土壌層位形態をもつ．土壌層位は，主層位と，2つの主層位の性質を合わせもつ漸移層位に分けられる．土壌の層位は下記のように分けられ命名される．

114

Chapter 9 | 土壌調査

［表9-7］ 土壌層位が形成される主な基礎的土壌生成作用とその特徴[3]

基礎的土壌生成作用	特徴（カッコ内はその作用で生成される主な日本の土壌や土壌層位）
Ⅰ．無機成分の変化を主とするもの	
初成土壌生成作用	土壌生成の初期段階で，岩石の表面の微生物，地衣類，コケ類のはたらきによって進行する．（岩屑土：A層）
土壌熟成作用	水面下の堆積物が干陸化する過程で生じる物理的，化学的，生物的変化．（干拓地の土壌）
粘土化作用（シアリット化作用）	土壌中で一次鉱物が分解されて，新たにシリカやアルミナを含む結晶性粘土鉱物や非晶質粘土が生成される．（褐色森林土，黒ボク土：Bw層）
活性アルミニウム生成作用	火山ガラスなどの風化で生じた活性アルミニウムが，ケイ酸と結合してアロフェンを生成したり，腐植と結合する．（黒ボク土）
褐色化作用	一次鉱物から遊離した鉄が酸化鉄の粒子となって土壌中に一様に分布する．（褐色森林土，褐色低地土：Bw層）
鉄アルミナ富化作用（フェラリット化作用）	高温・多湿な熱帯気候条件下で，塩基類やケイ酸の溶脱が進行し，鉄やアルミニウムの酸化物が残留富化する．（赤色土の一部：Bo層）
Ⅱ．有機成分の変化を主とするもの	
腐植集積作用	落葉などが堆積・分解し，腐植化して土壌に暗〜黒色味を与える．（黒ボク土，多くの土壌のA層）
泥炭集積作用	水面下において湿生植物の遺体が集積する．（泥炭土：H層）
Ⅲ．無機および有機質土壌生成物の変化と移動を主とするもの	
塩類化作用	塩類に富む地下水が毛管上昇して蒸発し，断面内や地表に塩類が沈殿析出する．（Az層）
石灰集積作用	遊離した石灰と水中の炭酸とが結合して炭酸石灰となって沈殿する．（Bk層，Ck層）
アルカリ化作用	塩類土壌の塩分が抜けはじめると炭酸ソーダが優勢となって強アルカリ化する．（Btn層）
塩基溶脱作用	可溶性塩類や交換性陽イオンが土壌水に溶けて抜けて，土壌が酸性になる．（日本の多くの土壌）
粘土の機械的移動（レシベ化作用）	表層の粘土が分解されずに，そのまま浸透水とともに下層に移動・集積する．（赤黄色土の一部：Bt層）
ポドゾル化作用	表層に堆積した有機物の分解によって生じたフルボ酸によって，酸化鉄，アルミナが溶解して下方に移動・集積する．（ポドゾル：Bs層）
水成漂白作用	表層から鉄やマンガンが還元溶脱されて，表層が灰白色に漂白される．（漂白化低地水田土：AEg層）
鉄・マンガン集積作用	水成漂白化作用により溶脱した鉄やマンガンが比較的酸化的な下層で沈殿集積する．（集積型の水田土壌：Bgir層，Bgmn層）
グライ化作用	水で飽和された土壌で有機物の分解により還元状態となり，第一鉄化合物によって青緑灰色の土層が形成される．（グライ土：Gr層，Go層）
疑似グライ化作用	湿潤還元と乾燥酸化の反復によって，淡灰色の基質と黄褐色の斑鉄や黒褐色のマンガン斑からなる大理石紋様が形成される．（疑似グライ土，灰色台地土）
灰色化作用	水田土壌で，灌漑水の緩やかな浸透と落水後の乾燥の反復により，構造や孔隙面が還元を受けて灰色化し，構造の内部に黄褐色の雲状斑を生成する．（灰色低地土）

115

Part 1 | 土壌の性質と環境

9.5.1 主層位

　主層位の表示には，アルファベットの大文字を用い，一般に，土壌断面は上から順にA層，B層，C層といった3つの主層位から成り立っている．このほかにH層やR層などがある，

A層：表層またはO層の下に生成された無機質の層．次のいずれかの特徴をもつ．
　　・無機質部分とよく混ざりあった腐植化した有機物の集積，かつEまたはB層の特徴を持たない．
　　・耕耘，放牧，または同様の撹乱の結果生じた性質．
B層：A，E，OまたはH層の下に形成された無機質の層．次のいずれかの特徴をもつもの．B層が生成してはじめて，一人前の土壌といえる．B層には必ず後述の添字をつける．
　　・A，E層から溶脱したケイ酸塩粘土，鉄，アルミニウム，腐植，炭酸塩，石膏，ケイ酸の集積富化．
　　・炭酸塩が溶脱した証拠．
　　・鉄やアルミニウムの酸化物の残留富化．
　　・土粒子を鉄やアルミニウムの酸化物が被覆していて，上および下の層位より明度が著しく低いか，彩度が高いか，または色相が赤い．
　　・ケイ酸塩粘土，遊離酸化物の生成と粒状，塊状，柱状構造の発達．
C層：土壌の母材となる岩石の物理的風化層または非固結堆積物層．ほかの主層位の特徴を持たない．上位の層位から溶脱したものの集積でなければ，ケイ酸，炭酸塩，石膏，鉄酸化物などの集積層はC層になる．
H層：水面下で植物遺体の集積により形成された有機質層．ほとんど常に水で飽和されているか，かつて飽和されていた層位．泥炭層あるいは黒泥層ともよばれる．
O層：泥炭，黒泥以外の地表に堆積した落葉，落枝などの未分解または分解した植物遺体からなる有機質層．水で飽和されることはない．
E層：ケイ酸塩粘土，鉄，アルミニウムが溶脱し，砂とシルトが残留富化し，また起源の岩石や堆積物の組織を失った淡色の無機質層．
G層：強還元状態を示し，ジピリジル反応が即時鮮明なグライ層．干拓地のヘドロのように，ジピリジル反応は弱くても，水でほぼ飽和され，土塊を握りしめたとき土が指の間から容易にはみ出すほど軟らかく，色相が10YRよりも青灰色の層も含む．G層はFAO/ISRICの方式ではCr層にほぼ相当する．斑鉄を持つ酸化

的グライ層はGo，斑鉄を持たない強還元的グライ層はGrで示す．
R層：土壌の下の固い基岩（母岩）．

9.5.2 漸移層位

2つの異なる主層位の性質を合わせ持つ層位は，優勢な主層位を前におき，AB，EBのように記号を続けて表示する．また，2つの異なる主層位の性質を持つ部分が混在している層は，優勢な主層位を前におき，E/Bのように斜線で示す．

9.5.3 主層位内の付随的特徴

主層位内の付随的特徴は，主層位記号のあとにそれぞれの特徴を表す小文字の添字をつけて表示する．

a：よく分解した有機質物質．

b：埋没生成層位．埋没した土壌生成的層位．この記号は有機質土壌には用いない．

c：結核またはノジュールの集積．ふつう構成成分を表す添字を併記する．

d：物理的根の伸長阻害（根を通さない耕盤など）．

e：分解が中程度の有機質物質．

f：凍土．四季を通じて凍結または氷点下にある層．

g：グライ化．季節的停滞水により三二酸化物の斑紋を生じた層．

h：有機物の集積．無機質層位における有機物の集積を表す．

i：分解の弱い有機質物質．

j：ジャロサイト斑紋の出現．

k：炭酸塩の集積．ふつうは炭酸カルシウムの集積を表す．

m：固結または硬化．ふつう膠結物質を表す添字を併記する．

n：ナトリウムの集積．交換性ナトリウムの集積を表す．

o：三二酸化物の残留集積．

p：耕耘などの撹乱．耕起作業による表層の撹乱を表す．

q：ケイ酸の集積．二次的ケイ酸の集積を表す．

r：強還元．地下水または停滞水による連続的飽和の下で，強還元状態が生成または保持されていることを示す．

s：三二酸化物の移動集積．有機物–三二酸化物複合体の移動集積を表す．

t：ケイ酸塩粘土の集積．

v：湿状態で硬く，空気にさらされると不可逆的に固結する鉄に富み腐植に乏しい

物質（プリンサイト）の存在を表す.

w：色または構造の発達.

x：フラジパンの形質.

y：石膏の集積.

z：石膏より溶けやすい塩の集積.

ir：斑鉄の集積.

mn：マンガン斑・結核の集積.

9.5.4 添字の使用法

主層位が複数の添字をともなうときは，次のような約束によって表示する.

①a, d, e, h, i, r, s, t, wは，最初に書く．Bhs, Crt以外は，これらの添字を組み合わせて用いることはまずない.

②c, f, g, m, v, x, ir, mnは，最後に書く．ただし，埋没生成層位（昔の表層がその後の土壌によって埋没してできた層位）を表す添字bは，これらのあとに書く.

③特に約束がないものは，アルファベット順に並べる.

9.5.5 層位の細分

同じ記号で表された層位の細分は，すべての記号のあとにアラビア数字をつけて区分する（例：C1-C2-Cg1-Cg2；Bs1-Bs2-2Bs3-2Bs4）．A, E層も同じように細分できる.

9.5.6 母材の不連続

無機質土壌において，断面中に母材の不連続がある場合は，層位記号の前に，上部から順にアラビア数字を付けて，Ap-Bt1-2Bt2-2Bt3-2C1-2C2-2Rのように表記する．ただし，1は省略する．不連続というのは，その層が形成された材料または年代の違いを反映して，粒径組成または鉱物に著しい変化があることを意味する．沖積堆積物中にふつうにある層理は，粒径組成が著しく違わなければ不連続とみなさない.

9.5.7 ダッシュの使用

1つの断面が，まったく同じ記号の層を複数持ち，それが別の層で隔てられているとき，下位の主層位記号のあとにダッシュ「'」を付けて区分する（例：A-E-Bt-E'-Btx-C；Oi-C-O'i-C'）.

Chapter 9 | 土壌調査

9.6 礫

土壌に含まれる直径2 mm以上の鉱物質粒子は石礫として細土と区別する．石礫は円磨度によって形状を角礫，亜角礫，亜円礫，円礫の4種類に区分する．亜円礫・円礫は水の影響によって円磨されたもので，河川などで運ばれた証拠となる．

9.7 構造

砂や粘土などの土壌構成粒子が形成する集合体を土壌構造という（表9-8）．土壌構造は，乾燥や湿潤の繰り返し，植物根や土壌動物などの作用によって形成されるため，土壌の生成環境をよく反映し，生産力とも密接な関係がある．

9.8 反応テスト

活性2価鉄イオン：α, α'ジピリジルが2価鉄イオンと反応して赤色の錯体を形成することを利用して，還元状態，グライ層の判定を行う．

マンガン酸化物：テトラメチルジアミノジフェニルメタン（テトラベース：TDDM）がマンガン酸化物と反応して紫黒色を呈することを利用して，マンガンの酸化沈積物の判定に用いる．

[表9-8] 土壌構造[1]

区分	記号	基準
粒状 　屑粒状（団粒状） 　粒状	CR GR	ほぼ球体または多面体で，周りの団粒の構造面とは無関係の湾曲した，または不規則な構造面を持っている．指で容易につぶれ，膨軟で多孔質な屑粒状と，比較的孔隙が少なく丸みがあり堅くてち密な粒状とがある．
塊状 　角塊状 　亜角塊状	AB SB	ブロックまたは多面体で，周りの団粒の構造面と対称的な平らか丸みのある構造面を持っている．稜角が比較的角ばった角塊状と，稜角に丸みのある亜角塊状とがある．
柱状 　円柱状 　角柱状	CO PR	垂直に長く発達した柱状の構造で，周りの団粒の構造面と対称的な平らかやや丸みのある構造面を持っている．柱頭が丸い円柱状と丸くない角柱状とがある．
板状	PL	平板状に発達した構造で，ほぼ水平に配列し，ふつう重なり合っている．一般に溶脱を受けた土壌の表層部に発達する．

Part 1 | 土壌の性質と環境

　活性アルミニウム：活性アルミニウムがフッ化ナトリウムと反応してOH基を放出するために起こるpHの上昇を利用して，活性アルミニウムの多少を判定する．黒ボク土のほとんどがこのテストで赤変を示す．そのほかポドソルのB層が赤変を示す場合がある．

　炭酸塩：炭酸カルシウムや菱鉄鉱（炭酸第一鉄）などが希酸と反応して炭酸ガスを放ち発泡することを利用して炭酸塩含量の判定を行う．

9.9 根系調査

　層位ごとに分布する根を，太さごとにそれぞれ分布量を記載する．土壌断面内で観察される植物根の大きさについては，その直径から，細根（0.5 mm以下），小根（0.5〜2 mm），中根（2〜5 mm），大根（5 mm以上）に細分する．植物根の量については，土壌断面内の10×10 cm^{2}あたりに存在する，大きさごとの根の大まかな本数を半定量する．

[文献]

1.　日本ペドロジー学会編 (1997)『土壌調査ハンドブック 改訂版』博友社, p.61-169.

2.　櫻井克年 (2005)「生成した土壌の特徴」三枝正彦・木村眞人編『土壌サイエンス入門』文永堂出版, p.105.

3.　田中治夫 (2010)「土壌の生成・分類」, 農業農村工学会編『農業農村工学ハンドブック』農業農村工学会, p.84-88.

Chapter 10 土壌図の活用

10.1 土壌図の見方

　土壌調査の結果は土壌図としてまとめられている．土壌図とは，土壌断面の調査と理化学性の分析をもとにして，それぞれの土壌がどのように分布しているかを示した地図である．土壌図は，作物栽培に適した地域の把握や，土壌の性質に合わせた施肥管理の指針の策定などの資料として利用されるだけでなく，土壌の分布を示すため，土地利用計画や環境保全などに役立てることができる．土壌図の要素や特徴について，以下で細かく見ていこう．

10.1.1 土壌図の縮尺

　土壌図をみる場合，縮尺に気をつける必要がある．土壌図は，その縮尺によって，小縮尺（30万分の1以下），中縮尺（30万～10万分の1），大縮尺（5万～1万分の1）に分けられ，1万分の1以上の縮尺の土壌図は精密土壌図とよばれている．わが国の農耕地土壌図，林野土壌図，国土調査の土地分類基本調査土壌図の多くは2.5万～5万分の1縮尺で作られている．

　土壌図の上で判別可能な最小の面積（最小図示単位）は，おおむね図上で2 mm×2 mmである．たとえば，図10-1（5千分の1縮尺）で判別可能な土壌の最小の面積分布はおおよそ10 m×

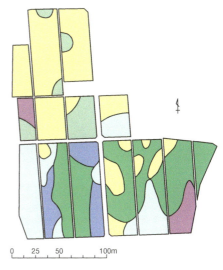

■ 礫質　灰色化 低地水田土，強粘質～粘質
□ 細粒質 灰色化 低地水田土，粘質
■ 礫質　普通　灰色低地土，強粘質～粘質
■ 細粒質 普通　灰色低地土，粘質
■ 中粒質 普通　灰色低地土
■ 礫質　普通　未熟低地土

［図10-1］水田の精密土壌図[1]
農耕地土壌分類第3次改訂版（1995）による分類

Part 1 | 土壌の性質と環境

10 m である．10 m×10 m は，5万分の1縮尺の土壌図上では 0.2 mm×0.2 mm となり，肉眼での判別は困難になる．10 m×10 m の面積の土壌を図示したいならば，縮尺が5千分の1以上の精密土壌図が必要である．このように，土壌図の縮尺により表現できる土壌の精度は異なる．

10.1.2 包含土壌の取り扱い

土壌図の最小単位は，地図上では 2 mm×2 mm なので，大縮尺の5万分の1の土壌図では 100 m×100 m（1 ha）とされている．これより狭い分布の土壌は，図上では無視され，隣接し広く分布している他の土壌に包含されることになる．土壌図で示されている主要な土壌とは異なるが，その図示単位に含まれる土壌は包含土壌とよばれている．包含土壌の存在は土壌図の純度を低下させてしまう．そのため，全包含土壌の割合は，25％以下や15％以下が望ましいが，5万分の1の土壌図では30％程度の包含土壌が含まれることもある．図10-1上で，100 m×100 m（図上で 2 cm×2 cm）の枠を動かしてみると，どの区画にも2〜5種類の土壌が含まれている．5万分の1縮尺では，これらの土壌が1種類の土壌として示されてしまうのである．

したがって，土壌図に示された土壌を採取したつもりが，異なる土壌を採取してしまうことがある．土壌図では，あくまでもその近傍の代表的な土壌を示しているのであり，採取した土壌の特定には，現場での土壌断面調査と土壌の分析をし，土壌分類を行う必要がある．

小縮尺の土壌図では1つの図示単位に複数の土壌が含まれてしまうため，複数の土壌名を併記した土壌アソシエーションという表現を用いることもある．

10.1.3 土壌図の精度

土壌図の精度は，調査の密度と最小図示単位の実面積に依存する．縮尺の大きい土壌図を作成するためには，調査地点を増やした土壌調査を行う必要がある．

5万分の1縮尺の農耕地土壌図では，調査密度を 25 ha（図上で 10 mm×10 mm）に1点としている．実際の土壌図の作成にあたっては，鉄棒の先に土壌採取筒が付いた検土杖での調査で補完されているが，農耕地土壌図の精度は，この調査密度により大きく影響されている．

国土調査の土地分類基本調査土壌図や地力保全基本調査耕地土壌図などの5万分の1縮尺の大縮尺土壌図が一般的な土壌図として用いられているが，最小図示単位の100 m 四方の区画は 1 ha となる．圃場は 1 ha に満たないものが多く，5万分の1縮尺の

Chapter 10 | 土壌図の活用

土壌図から，圃場単位での土壌の情報を得るには不十分である．そこで，農耕地などでは5千分の1以上の縮尺の大きい土壌図の作成が望まれている．

また，小縮尺の土壌図では土壌群や土壌亜群などの上位の土壌分類のカテゴリーで分類された土壌で示されるが，大縮尺の土壌図では土壌統やそれをさらに細分した土壌区などの下位のカテゴリーで分類された土壌で示されている．

10.2 土壌図の種類

10.2.1 土地分類基本調査の土壌図

日本全国を網羅する土壌図で広く頒布されているものとしては，国土調査の土地分類調査で作成された「50万分の1土地分類基本調査」，「20万分の1土地分類基本調査及び土地保全基本調査」，「5万分の1都道府県土地分類基本調査」の土壌図がある．これらの土壌図とGIS用のファイルデータは，国土交通省国土政策局国土情報課のHP[2]からダウンロードすることができる．これらの土壌図作成の作業内容は，「土じょう調査作業規程準則」（昭和三十年一月二十九日総理府令第三号）にしたがっている．土壌の分類は，「主として国土の開発，保全及び利用の高度化に資するため，土じょうをその成因，形態及び性状に基づいて区分」された統および類で分類されており，それぞれの分類は各土壌図の凡例や簿冊に載っている．さらに，全国は網羅していないが，1万分の1スケールで作成された「土地分類調査（細部調査）」の土壌図もある．

10.2.2 農耕地土壌図

農耕地土壌については，農業環境変動研究センターの「日本土壌インベントリー」[3]がある．このサイトでは，「包括的土壌分類　第1次試案」に基づいた5万分の1農耕地土壌図を見ることができ，GIS用のファイルデータも入手することができる．図10-2では，20万分の1土壌図を示している[4]．土壌分類のページで，土壌図に表示されている土壌の説明，土壌断面写真，全国における土壌群の分布図や地目別面積が記載されている．また，旧農耕地土壌図のページでは，「農耕地土壌の分類　第2次案改訂版」に基づく旧土壌図を見ることもでき，表層土壌の理化学性を知ることもできる．

さらに，日本土壌インベントリーでは，農耕地以外も含めた日本の国土全域を網羅する20万分の1日本土壌図を見ることができ，GIS用のファイルデータも入手できるようになっている．

123

Part 1 | 土壌の性質と環境

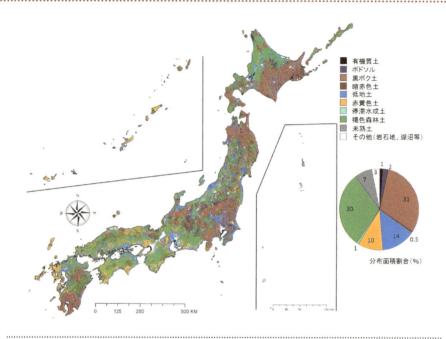

[図10-2] 日本の土壌図および分布面積割合（%）
〔文献4より許可を得て転載〕

　現場では，iOSもしくはAndroid搭載モバイル端末上で閲覧できるe-土壌図IIがあり，日本土壌インベントリーの中に紹介されている．

10.2.3 森林土壌図

　森林では，適地適木調査土壌図や国有林林野土壌図（2万分の1），民有林林野土壌図（5万分の1）があり，林地土壌図は営林署（国有林），都道府県林業試験場（民有林）または森林総合研究所において閲覧することができる．
　また，日本全国の森林土壌図「日本森林立地図—森林土壌図—」は，森林立地学会のHP[5]で公開されている．

10.2.4 統一的分類体系による土壌図

　ペドロジスト懇談会（現在：日本ペドロジー学会）では1990年に1/100万日本土壌図[6]を公表している．この地図は，統一的土壌分類体系で読み替えられ，東北大学土壌立地学分野のHP[7]で公開されている．

124

［文献］

1. 田中治夫・中村嘉孝・本林隆 (2008)「東京農工大学フィールドミュージアム本町水田圃場の精密土壌図」,『フィールドサイエンス』7, p.1-10.

2. 国土交通省『国土調査 (土地分類基本調査・水基本調査等)』http://nrb-www.mlit.go.jp/kokjo/inspect/inspect.html

3. 国立研究開発法人　農業・食品産業技術総合研究機構『日本土壌インベントリー』https://soil-inventory.dc.affrc.go.jp/

4. 小原洋ほか (2016)「包括的土壌分類第 1 次試案に基づいた1/20万日本土壌図」,『農業環境技術研究所報告』37, p.133-148.

5. 森林立地学会　http://shinrin-ritchi.jp/ritchizu/

6. ペドロジスト懇談会土壌分類・命名委員会編 (1990)『1/100万日本土壌図』内外地図

7. 東北大学土壌立地学分野 (2008)『読替えデジタル日本土壌図』http://www.agri.tohoku.ac.jp/soil/jpn/images/new-soil-map-j.pdf

土壌の機能解析と分析項目

11.1 農耕地での土壌生産力可能性分級に用いられている分析項目

　農耕地土壌の基本的な性格および生産力阻害要因を明らかにし，土壌生産力の増強を図るために，地力保全基本調査が1959年から1978年まで実施された．その成果は，各都道府県の年度別「地力保全基本調査成績書」および5万分の1縮尺の「土壌図（土壌生産力可能性分級図，地力保全対策図）」にまとめられている．さらに，全国および各都道府県の「地力保全基本調査総合とりまとめ成績書」ならびに15～20万分の1の縮尺の「土壌図（土壌統群，地力保全対策図）」にもまとめられている．

　地力保全基本調査では，土壌の性質から土地の生産力を評価するため，「土壌生産力可能性分級」を行い，土壌のさまざまな性質（**表11-1**）について，水稲，普通作物，果樹，草地という作目別に一定の基準にしたがって評価して分級している．分級基準は，各要因項目の分析値などから決められている．

　それぞれの分級基準ごとに，以下の第Ⅰ～Ⅳ等級に分級し，最も低い（数字が大きい）等級値をその土地の土壌生産力可能性等級としている．

　第Ⅰ等級：正当な収量をあげ，また正当な土壌管理を行ううえで，土壌的にみてほとんど制限因子あるいは阻害因子がなく，土壌悪化の危険性もない良好な耕地とみられる土地

　第Ⅱ等級：土壌的にみて若干の制限因子あるいは阻害因子があり，また土壌悪化の危険性が多少存在する土地

　第Ⅲ等級：土壌的にみてかなり大きな制限因子あるいは阻害因子があり，また土壌悪化の危険性がかなり大きい土地

　第Ⅳ等級：土壌的にみて極めて大きな制限因子あるいは阻害因子があり，また土壌悪化の危険性が極めて大きく，耕地として利用するのは極めて困難と認められる土地

　評価式には，すべての分級基準の等級値を示す示性分級式や，低い等級値の項目の

Chapter 11 | 土壌の機能解析と分析項目

[表11-1] 土壌生産力可能性分級の分級基準とその記号と要因項目[1]

分級基準	記号	要因項目
表土の厚さ	t	
有効土層の深さ	d	
表土の礫含量	g	
耕うんの難易	p	表土の土性（粒径組成），粘着性，風乾土の硬さ
湛水透水性（水田のみ）	l	作土下50 cmの土性と最高ち密度
酸化還元性（水田のみ）	r	易分解性有機物含量（可給態窒素量），遊離酸化鉄含量，グライ化度
土地の乾湿	w	透水性，保水性（圃場容水量－萎凋係数），湿潤度
自然肥よく度	f	保肥力（CEC），固定力（リン酸吸収係数），土層の塩基状態（石灰飽和度）
養分の豊否	n	交換性石灰含量，交換性苦土含量，交換性加里含量，可給態リン酸含量（Toruog法），可給態窒素含量：培養法，可給態ケイ酸含量，微量要素含量，酸度（pH(H_2O)・y1）
障害性	i	有害物質の有無（硫化物・塩素・カドミウムなどの重金属・灌漑水の汚染），物理的障害性（基岩・盤層・ち密度・礫層）
災害性	a	増冠水の危険度，地すべりの危険度
傾斜（普通作物，果樹のみ）	s	自然傾斜，傾斜の方向，人為傾斜
侵食（普通作物，果樹のみ）	e	侵食性，耐水食性，耐風食性

み記号と数字を用いて示す簡略分級式が用いられている．簡略分級式による表記の例を挙げると，表土の厚さと土地の乾湿のみが第Ⅱ等級でほかが第Ⅰ等級の土壌はⅡtw，酸化還元性が第Ⅲ等級でほかは第Ⅰ等級か第Ⅱ等級の土壌はⅢrと表せる．この簡略分級式は，土壌生産力可能性分級図の図中の凡例などにも用いられている．

分級基準の詳細に関しては，全調査事業全国協議会編（1991）[1]を見ていただきたい．

11.2 作物栽培のための土壌診断に用いられている分析項目

作物栽培の土壌診断に用いられている項目に必ずしも決まりはないが，JAでは**表11-2**のような項目を診断に用いている．

また**図11-1**のような土壌診断処方箋を作成している．

農耕地土壌の改良目標値は土壌診断基準値としてまとめられており，地域や土壌型，

127

Part 1 | 土壌の性質と環境

[表11-2] 作目別分析項目[2]

作目	pH(H₂O)	電気伝導度	NH₄⁺-N	NO₃⁻-N	有効態リン酸	交換性カリ	交換性石灰	交換性苦土	有効態ケイ酸	遊離酸化鉄	腐植含量	陽イオン交換容量	リン酸吸収係数
水田	○		○		○	○	○	○	○	△	△	○	△
畑・草地	○	○		○	○	○	○	○			△	○	△
ハウス	○	○	○	○	○	○	○	○				○	
果樹園	○	○			○	○	○	○			△	○	△
茶園	○	○			○	○	○	○			△	○	△

作目によって異なっている．**表11-3**に東京都の例を示すが，各都道府県の例は農林水産省HP上の「都道府県施肥基準等」[3]にまとめられている．

11.3 林野での土壌の生産性調査に用いられている分析項目

林野では，林木の適地判定のためなどに，1947年から国有林林野土壌調査が，1952年から民有林適地適木調査が行われた．これらの調査では，現地土壌断面調査のほかに，円筒コアを用いて採取した非撹乱試料では ① 容積重，② 孔隙率（液相率＋気相率），③ 最大容水量，④ 最小容気量（孔隙率－最大容水量），⑤ 採取時含水量，⑥ 透水係数を，撹乱試料の理化学性としては ① 粒径組成，② pH(H₂O)，③ 交換酸度，④ 全炭素量，⑤ 全窒素量，⑥ 交換性カルシウムを測定することになっている．

11.4 土壌分類のために用いられている分析項目

土壌分類のためには，土壌断面調査での記載表記したデータのほかにもいくつかのデータが必要な場合がある．

「包括的土壌分類」や「日本土壌分類体系」では，有機炭素含量，リン酸吸収係数（酸性シュウ酸塩可溶Al，Feのデータで置き換えることができる），交換酸度（y1），pH(H₂O)，pH(H₂O₂)[4]，塩基飽和度（酢酸アンモニウム法），遊離酸化鉄含量（ジチオ

2017年11月30日

全農サンプル　　　様

生産者No：　00000001

土壌診断処方箋

JA全農
肥料農薬部

圃場情報

年度	2017	分析No.	000001	JA名	＊＊＊	支所名	＊＊＊	
圃場No.	土壌	土性	作物	栽培面積(a)	容積比重	作土深(cm)		
001	褐色低地土	砂壌土	水稲Ｉ	10	1.0	10		
地区名	採土場所	採土位置						
	田村							

分析結果・改良目標値

項目	単位	分析値	目標値	想定改良値	前回分析値
pH		6.00	6.00	6.58	6.00
EC	mS/cm	0.20			0.20
りん酸吸収係数					
有効態りん酸	mg/100g	40	30	40	35
CEC	me/100g	20.0			20.0
交換性石灰	mg/100g	300	364	364	300
交換性苦土	mg/100g	50	48	58	50
交換性加里	mg/100g	50	28	50	40
塩基飽和度	%	71.4	80.0	84.8	70.3
石灰苦土比		4.3	5.4	4.5	4.3
苦土加里比		2.4	4.0	2.7	2.9
有効態けい酸	mg/100g	5	30	55	10
遊離酸化鉄	%				
腐植	%				
アンモニア態窒素	mg/100g				
硝酸態窒素	mg/100g				
マンガン	mg/100g				
ホウ素					

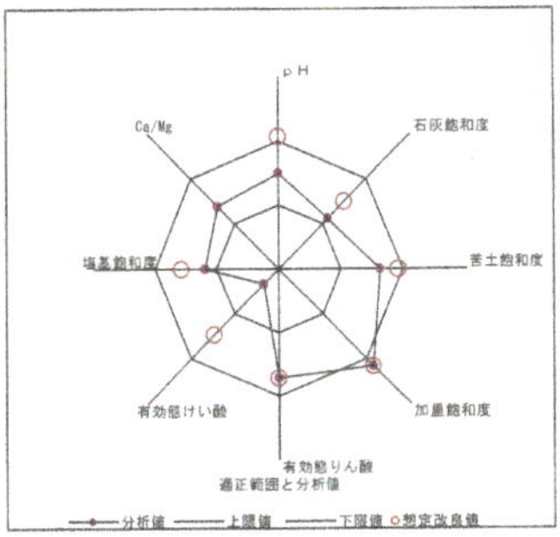

お勧めの施肥設計（土づくり肥料）

<土づくり肥料名と施用量>

堆肥名　例. 牛ふん堆肥　施肥量(10a当り)　0kg　(圃場当り)　0kg

	りん酸	石灰(けい酸)	苦土	加里	
肥料名	ようりん	けいカル	硫マグ	塩化加里	
kg　(圃場当り)	0	160	0	0	
単価×数量	0 × 0	0 × 8	0 × 0	0 × 0	
金額	0	0	0	0	小計　0

お勧めの施肥設計（一般肥料）

<一般肥料名と施用量>

	主要肥料	補足肥料(りん酸)	補足肥料(加里)	補足肥料(他)	
肥料名					
kg　(圃場当り)					
単価×数量	×	×	×	×	
金額					小計
					合計　0

総合所見

○堆肥を 1,000kg施用すると目標上限値を超える成分が有るため施用量を 0kgとして計算しました。

圃場特性

［図11-1］ 土壌診断処方箋の例[5]

〔「診作くん®マイスター２による処方箋例」全国農業協同組合連合会より提供〕

[表11-3] 畑、樹園地、水田の土壌改良目標値（東京都の例）[6]

	黒ボク土			沖積土		多摩重粘土		鳥じょ火山灰土	鳥じょ砂質土	小笠原赤土土
	普通畑	樹園地	水田	普通畑	水田	普通畑	樹園地	普通畑・草地	普通畑	普通畑
表土の深さ (cm)	25以上	—	20以上	15以上	15以上	15以上	—	15以上	15以上	15以上
有効土層の深さ (cm)	—	60以上	—	40以上	—	40以上	60以上	40以上	40以上	60以上
地下水位 (cm)	60以下	—	—	60以下	—	—	—	—	—	—
pH (Kcl)	6.0	5.5	5.0	6.0	5.0	6.0	5.5	6.0	6.0	6.0
塩基置換容量 (me)	40	40	40	40	40	30	30	10	10	50
石灰飽和度 (%)	50	45	40	50	45	50	45	50	50	50
石灰含量 (mg)	560	500	450	560	500	420	380	140	140	700
苦土飽和度 (%)	20	10	10	20	10	20	10	20	20	20
苦土含量 (mg)	160	80	80	160	80	120	60	40	40	200
加里飽和度 (%)	10	5	2	10	2	10	5	10	10	10
加里含量 (mg)	190	95	40	190	40	140	70	50	50	230
塩基飽和度 (%)	80	60	52	80	57	80	60	80	80	80
石灰/苦土当量比	2.5	4.5	4.0	2.5	4.5	2.5	4.5	2.5	2.5	2.5
苦土/加里当量比	2	2	5	2	5	2	2	2	2	2
有効態リン酸 (mg)	30以上	20以上	20以上	30以上	15以上	30以上	20以上	30以上	30以上	30以上

ナイト-クエン酸塩還元溶解鉄），ピロリン酸塩可溶アルミニウム（Alp），粘土含量，炭酸カルシウム換算炭酸塩含量などのデータが必要となる．

［文献］

1. 土壌保全調査事業全国協議会 (1991)『日本の耕地土壌の実態と対策　新訂版』博友社, p.295.

2. 全国農業協同組合連合会肥料農薬部 (2010)『だれにでもできる土壌診断の読み方と肥料計算』農山漁村文化協会, p.101.

3. 農林水産省 (2016)『都道府県施肥基準等』http://www.maff.go.jp/j/seisan/kankyo/hozen_type/h_sehi_kizyun/index.html

4. 土壌環境分析法編集委員会編 (1997)『土壌環境分析法』博友社, p.427.

5. 全国農業協同組合連合会『土壌診断結果の見方』より「診作くん®マイスター2による処方箋例」https://www.zennoh.or.jp/activity/hiryo_sehi/dojo.html

6. 東京都労働経済局農林水産部 (1980)『畑, 樹園地, 水田　土壌改良目標値』

Introduction to
Soil Environment Survey and Analysis

Part 2 土壌の分析

Chapter 12	土壌採取法	134
Chapter 13	土壌の化学性分析	138
Chapter 14	土壌の物理性分析	174
Chapter 15	土壌の生物性分析	187

Part 2 | 土壌の分析

Chapter 12 土壌採取法

この章では,土壌分析における採取と調整について解説する.

12.1 土壌試料の採取

12.1.1 調査目的別採取法

　土壌試料は,調査の目的にあわせて採取方法を変える必要がある.
　土壌生成過程の解明や土壌分類のためには,土壌の基本的な理化学性を知ることが必要であり,穴(試坑)を掘り,断面調査をして各層位ごとに土壌を採取する.土壌診断などで農耕地土壌の生産力を調べるためには,作土を中心に採取する.
　透水係数(土壌の透水性の程度を示す係数)や三相分布,乾燥密度などの物理性の測定には,土の工学的性質が原位置と変わらない状態になるように行うのが理想的である.100 mLや400 mLの金属製円筒コア(図12-1A)を用いて非撹乱(乱さない)試料の採取を行う.化学性や生物性などの測定には移植ゴテ(片手で持つ小型のシャベル;図12-1B)などを用いて,撹乱試料の採取を行う.

A　　　　　　　　　　　B

[図12-1](A) 100 mL円筒コア　(B) 移植ゴテ
〔A:大起理化工業株式会社より提供〕

12.1.2 圃場別採取法

作物栽培のための土壌診断において，化学性の診断が最も一般的な診断方法といえる．畑や水田，ハウスなどの圃場で作土の撹乱試料を採土する場合について解説する．

不適切な土壌の採取は分析結果の信頼性を下げ，誤った診断につながるので，平均的な場所で均一なサンプルを取ることが重要である．土壌環境は場所による変化が大きいため，**図12-2**のように，対角線上の5か所から同量ずつ採取し，よく混ぜたものを試料とする．このとき，有機物量や肥料成分量などは地表面と下層で大きく異なることがある．全体から均等に採取するため，目的とする深さまでV字型に掘ったあと，V字型の表面の土を均等な厚さで採取する．うね立てしてある場合は，うねの上部から隣のうねの肩にかけて土を均等に採取する．

樹園地で採土する場合は，平均的な樹5～6本について，樹の樹幹先端から30 cm内外の2～3か所を採土する（**図12-3**）．茶園や桑園では株の中心から50 cm程度離れた所を採土する．果樹などの永年性作物では深さ20～40 cmに根の多くが分布するので，作土だけでなく，この部位も採土するのが望ましい（**図12-4**）．

草地では，牧草の古い根や枯葉が表層の2～3 cmに堆積している（ルートマットとよぶ）．この部位に養分も集積していることが多いので，区別して採土する．

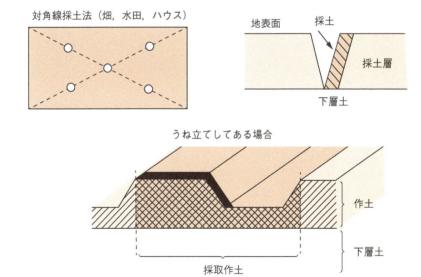

［図12-2］**畑や水田，ハウスなどの採土法**
〔文献1より許可を得て転載〕

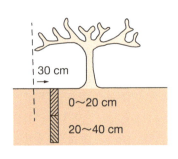

[図12-3] 樹園地での採土法
〔文献1より許可を得て転載〕

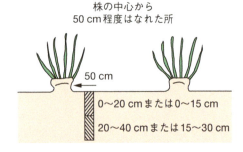

[図12-4] 茶園や桑園での採土法
〔文献1より許可を得て転載〕

　林地では，表層に落葉や落枝，それらの分解生成物の腐植層が堆積しているので，この層を区別して採土する必要がある．また，表層土壌では細根が多く，下層土では石礫が多く，試料採取料が少なくなりやすいので多めに採取する必要もある．

12.2 土壌試料の調整法

　土壌の生物性などを調べるときは，採取した土壌試料そのまま（生土）を実験に供する．一方，一般理化学性の分析では，生土状態では保存が難しいこと，採取時の状況に影響を受けるなどの理由から，風乾土壌を用いることが多い．

　生土試料を用いる際は，まず，現地から採取してきた試料をビニールなどに広げ，混入している礫や植物遺体を素早く取り除く．土のかたまり（土塊）は崩して，2 mm目の篩を通す．調整後は速やかに分析に供するが，すぐに分析できないときは密栓して3〜5℃で保存する．

　風乾試料を用いる際は，まず，採取した試料を室内で新聞紙などに薄く広げ，直射日光を避けて素早く風乾する．通常，2週間以上風乾すると良い．礫や植物を除き，土塊は崩して2 mm目の篩を通す．土塊は乾燥すると崩しにくいものもあるので，生乾きのときに崩しておくと良い．2 mm目の篩を通した風乾土を風乾細土と称して，通常の実験に用いる．ただし，供試量が1 g以下の少量の場合には，風乾細土を全粉砕し，0.5 mm目の篩を全通させた風乾細微土を用いる．

Chapter 12 | 土壌採取法

12.3 海外の土壌試料について

　海外の土壌は，植物防疫法により輸入禁止品と規定されている．しかし，試験研究や博物館での展示標本などで用いる場合，あらかじめ農林水産大臣の許可を受ければ輸入して利用できるように除外規定が設けられている．詳しくは農林水産省植物防疫所のHP[2]で確認すること．また，土壌は有用な遺伝資源なので，名古屋議定書（正式名称：生物の多様性に関する条約の遺伝資源の取得の機会及びその利用から生ずる利益の公正かつ衡平な配分に関する名古屋議定書）に基づき，「提供国の同意」「相互に合意する条件の設定（契約の締結）」などの必要な手続きをとることが必要とされている．

［文献］

1.　土壌環境分析法編集委員会編 (1997)『土壌環境分析法』博友社, p.13.

2.　農林水産省植物防疫所『輸入禁止品の輸入許可』http://www.maff.go.jp/pps/j/law/daijinkyoka/index.html

土壌の化学性分析

13.1 pH

　pHは土壌の化学性を表す最も基本的な項目であり，土壌溶液中の水素イオン濃度で示される．なお，pH＝log(1/[H^+])であり，[H^+]は溶液中の水素イオンモル濃度（mol L^{-1}）を示す．土壌pHは，土壌中に含まれる溶液中のpHを元来意味するものであるが，分析上は土壌に対して一定量の水を加えた懸濁液のpHを指す．通常は土1に対して水2.5の割合で加える．

　水のほか，1 mol L^{-1}の塩化カリウム溶液を用いる場合がある．カリウムイオンが土壌粒子に吸着している水素イオンやアルミニウムイオンを交換浸出するため，多くの場合，水によるpHよりも低い値を示す．したがって，塩化カリウム溶液によるpHは潜在的な土壌酸性を示す指標として用いられる．

　基本的には水によるpH測定を行ったうえで，土壌酸性に関心がある場合には塩化カリウム溶液によるpH測定を追加すればよい．水によるpHをpH(H_2O)（表5-5），1 mol L^{-1}塩化カリウム溶液によるpHをpH(KCl)と表す．

　測定は一般的に，室内と野外のいずれにおいても，ガラス電極を接続したpHメーターを用いて行うことが多い．

試薬

　1 mol L^{-1}塩化カリウム溶液：塩化カリウム74.6 gを水1 Lに溶かす．

方法

　未風乾または風乾細土10 gを50 mL容ビーカーなどにとり，水*または1 mol L^{-1}塩化カリウム溶液25 mLを加える（ただし，pH(KCl)には風乾細土を用いる）．ガラス棒などで時々撹拌するか振とうして，30分以上経過した後，ビーカー内の懸濁液にガラス電極を直接挿入し，pHメーターの値が安定するのを待って値を読む．

*特にことわりがない限り，「水」は純水もしくは蒸留水を指すものとする．

Chapter 13 | 土壌の化学性分析

⚠ 注意点

pH(H$_2$O)はなるべく未風乾土を用い，試料採取後速やかに測定するのが望ましい．風乾した場合，特に還元的土壌などでは酸性を示す物質（硫化物の酸化による硫酸など）が生成する場合がある．

pHメーターは測定前にpH 4およびpH 7の標準液で必ず補正を行う．また，pHは温度に対して変化するので補正しなければならないが，温度補正機能を搭載したガラス電極もある．ただしその場合であっても，試水と標準液は事前に室温で放置するなどして温度を揃えておく必要がある．

13.2 交換酸度（y1）

土壌に塩化カリウムを加えて抽出した酸性物質（主に交換性アルミニウム）の量を交換酸度（通称y1ともよばれている）という．土壌溶液中や土壌鉱物表面には，水素イオンやアルミニウムイオンなどの土壌を酸性にするイオンが吸着している．交換酸度（y1）は，これら酸性をもたらすイオンを中性塩溶液（塩化カリウムなど）で交換浸出し，その溶液の中和に要した水酸化ナトリウム滴定量で表す．交換酸度による土壌酸性の区分を**表13-1**に示す．交換酸度（y1）は，後述する緩衝曲線法同様，土壌の酸性矯正の際に必要となる石灰施用量を算出する際の目安となる．

[表13-1] **交換酸度（y1）による土壌酸性の区分**

交換酸度（y1）値	区分
3以下	微酸性
3〜6	弱酸性
6〜15	強酸性
15以上	極強酸性

✏ 試薬

① 1 mol L^{-1}塩化カリウム溶液

② 0.1 mol L^{-1}水酸化ナトリウム溶液：特級水酸化ナトリウム2.0 gを水400 mL程度にいったん溶かし，最後にメスフラスコで500 mLに定容する．なお，同濃度の0.1 mol L^{-1}シュウ酸溶液（2価の弱酸）で本液を滴定し，力価（ファクター）をあらかじめ求めておく．シュウ酸溶液は，特級シュウ酸二水和物1.26 gを水

139

Part 2 | 土壌の分析

80 mL程度にいったん溶かし，最後にメスフラスコで100 mLに定容する．シュウ酸溶液は保存せず，実験の都度作成する．

③　フェノールフタレイン指示薬：フェノールフタレイン100 mgを60％エタノール90 mLに溶かし，水で100 mLとする．変色域pHは，8.2（無色）〜10（赤色）である．

方法

①風乾細土20 gを100 mL容三角フラスコにとる．1 mol L^{-1}塩化カリウム溶液50 mLを加えた後，1時間往復振とうする．土壌試料を加えないブランク操作も同様に行う．

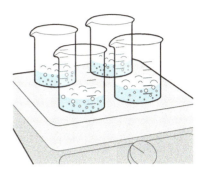

③ろ液を50 mL容程度のビーカーなどに10 mLとり，ホットプレート上で弱火で煮沸して，余分な二酸化炭素を追い出す．

②ろ紙*でろ過する（ただし，最初のろ液数mLは捨てる）．

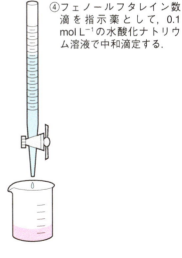

④フェノールフタレイン数滴を指示薬として，0.1 mol L^{-1}の水酸化ナトリウム溶液で中和滴定する．

［図13-1］ 交換酸度

*本書で用いるろ紙は，特にことわりがない限り，定量用ろ紙JIS6種またはJIS5C種を指すものとする（Advantec No.6または5C，Whatmanなら44または42に該当）．

Part 2 | 土壌の分析

計算

　交換酸度（y1）は，土：抽出剤（塩化カリウム溶液）の液比が1：2.5の条件で抽出を行い，抽出液の半量を中和するために必要な0.1 mol L^{-1}水酸化ナトリウム溶液量を，土壌100 gあたりの換算値に直したものである．したがって，

　風乾細土20 gあたりの水酸化ナトリウム滴定量は，

$$X = \left(滴定値\, x(\text{ml}) - ブランク値(\text{ml}) \right) \times \frac{50(\text{ml})}{10(\text{ml})} \times \frac{1}{2}$$

となり，これを乾土100 g相当に換算し直すには，風乾土水分含量を考慮し，以下のように算出する．

$$y1 = X \left(\frac{100(\text{g})}{20(\text{g})} \times \frac{100}{100 - m} \right)$$

m：風乾土水分含量（％）

13.3 中和石灰量（緩衝曲線法）

　土壌はpHの変化に対し緩衝能をもち，目標とするpHに調整する場合，必要とする資材量は土壌により異なる．中和石灰量は，土壌の酸性を矯正するために必要とする石灰量の算出方法として用いられる．中でもアルカリ試薬を添加剤に用いた緩衝曲線法が一般的であり，土壌に対するアルカリ試薬の添加量と平衡後の土壌pHとの関係を測定して必要石灰施用量を求める．

　以下に，炭酸カルシウム添加・通気法[1]を示す．

方法

乾土10 g相当の風乾細土を50 mL容ねじ口瓶にとる（5〜7本用意する）
↓
炭酸カルシウムを0〜100 mgの範囲で5〜7段階にふって添加
↓　　水25 mLを加え，よく振とうする
24時間静置
↓　　さらに数時間振とう（炭酸カルシウムを土壌とよく反応させる）
懸濁液中にエアポンプで空気を送り込み，余分な二酸化炭素を除去
↓　　（毎分2 L流量で2分程度）
速やかにpHメーターで懸濁液pHを測定

Chapter 13 | 土壌の化学性分析

計算

　炭酸カルシウム添加量を横軸，懸濁液 pH を縦軸としてプロットし，緩衝曲線を作図する．この曲線から希望する pH に調整するために必要な炭酸カルシウム量を求める．

注意点

　添加剤としては水酸化ナトリウムまたは炭酸カルシウムが用いられるが，どちらも一長一短がある．水酸化ナトリウムでは炭酸カルシウムを用いた場合よりも溶液の平衡 pH が高くなり，結果的に石灰資材量の見積量を低く算出してしまうことになる．一方，炭酸カルシウムは溶液中の二酸化炭素濃度に影響されやすいため，過剰の二酸化炭素濃度を追い出してやる必要がある．

13.4 電気伝導度（EC）

　電気伝導度を測る方法は2種類あり，土壌溶液を直接採取して測定する方法と，土壌に一定量の水を加えたときの懸濁液中の値を測る方法がある．以下に1:5水浸出液法を紹介する．

方法

未風乾土または風乾細土を乾土あたり 10 g を 100 mL 容ねじ口瓶にとる

　↓　　土壌水分量を考慮して総量が 50 mL になるように水を添加

往復振とう器で30分間振とう

　↓

懸濁液に EC メーターの電極を挿入し値を読む

注意点

　値の表示方法は，通常 $mS\ m^{-1}$ か $S\ m^{-1}$．温度によって値を補正式で補正する必要があるが，通常は EC メーターが25℃補正値として表示してくれる．

13.5 陽イオン交換容量（CEC）

　土壌粒子表面には粘土鉱物や有機物が発現する負電荷が多数存在し，Ca^{2+}，Mg^{2+}，K^+，Na^+，$NH_4{}^+$，Al^{3+}，H^+ などで飽和されている．この負電荷の総量を陽イオン交

143

Part 2 | 土壌の分析

換容量（3.2.1参照）という．陽イオン交換容量の測定方法はいくつかあるが，それぞれ一長一短がある．我が国ではpH 7酢酸アンモニウム緩衝液を用いたセミミクロショーレンベルガー法が一般的であり，世界的にも本手法で定量したデータの蓄積が最も多い．そのほかにも振とうと遠心の繰り返しによる方法（振とう浸出法），浸出液に酢酸カルシウムを用いる方法，アンモニウム塩の代わりに塩化ストロンチウム溶液を用いる方法などがある．

　以下にセミミクロショーレンベルガー法と振とう浸出法を紹介する．このような緩衝液を用いる方法のほか，土壌本来のpHでの陽イオン交換容量も重要であるため，抽出剤に緩衝作用を持たない塩化バリウムを用いる振とう交換浸出法もあわせて紹介する．

13.5.1 セミミクロショーレンベルガー法

✎ 試薬

① 1 mol L^{-1}酢酸アンモニウム溶液：2 mol L^{-1}アンモニウム液と2 mol L^{-1}酢酸溶液をつくり，これを等量混合する．pHメーターを用いてpH 7となるようにアンモニウム溶液または酢酸溶液を添加する．市販の酢酸アンモニウムを1 mol L^{-1}となるように溶かして，pHを調整し作成することも可能だが，酢酸アンモニウムは吸湿性が強いため，購入後長期の試薬保存はできない．

② 80%メタノール：メタノールを水で希釈し，BTB試験紙を用いて，pH 7になるまで希アンモニウム液を添加する．

③ 10%塩化カリウム溶液：塩化カリウム100 gを水に溶かし，1 Lに定量する．

Chapter 13 | 土壌の化学性分析

方法

①風乾細土10.0 gと目詰まり防止のための希塩酸と水であらかじめ洗浄した粗粒の石英砂を同量，薬包紙上でよく混和する．

②カラム下端に豆粒大ほどに丸めた脱脂綿を詰め，その上に濾過層としてセルロースパウダー（または煮崩したろ紙片）を詰める．セルロースパウダー（ろ紙片）は希塩酸→水で洗浄しておく．

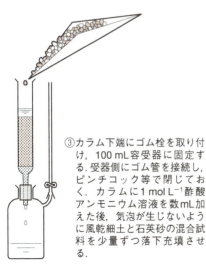

③カラム下端にゴム栓を取り付け，100 mL容受器に固定する．受器側にゴム管を接続し，ピンチコック等で閉じておく．カラムに1 mol L⁻¹酢酸アンモニウム溶液を数mL加えた後，気泡が生じないように風乾細土と石英砂の混合試料を少量ずつ落下充填させる．

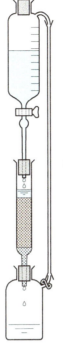

④洗浄容器とカラムおよび受器との間を連結させた後，洗浄容器に1 mol L⁻¹酢酸アンモニウム溶液80 mL程度を加え，洗浄容器と受器の間にあるピンチコックを開放にした後，洗浄容器のコックを調節して浸透する．浸透液が絶えず試料にまんべんなく接触するよう，浸透中は液面が試料表面より上部に位置するよう調整する．浸透速度は，全液量の滴下に要する時間が4～20時間程度となるようにする．

⑤受器に回収された浸透液は100 mLに定容する．過剰に残存している酢酸アンモニウムを取り除くため80%メタノール50 mLを洗浄容器に加え，カラム内の試料を洗浄する．浸出液は捨て，洗浄容器も水で洗浄しておく．

⑥1 mol L⁻¹酢酸アンモニウム溶液を浸透させたときと同様の操作で10%塩化カリウム溶液を浸透させ，土壌に吸着しているアンモニウムイオンを交換浸出させる．受器に回収された浸出液は100 mL容メスフラスコに移し定容する．

⑦1 mol L⁻¹酢酸アンモニウム溶液で交換浸出された液を用いて交換性陽イオンの測定を行う（13.6参照）．測定には，原子吸光もしくは高周波プラズマ発光分析装置などを用いる．低濃度側の精度が落ちるものの，パックテスト方式のキット（RQフレックスなど）を用いても行える．10%塩化カリウム溶液で交換浸出された液は，ホルモル法でNH₄⁺を定量する．

［図13-2］陽イオン交換容量（セミミクロショーレンベルガー法）

Part 2 | 土壌の分析

アンモニウムイオンの定量方法（ホルモル法）

アンモニウム溶液にホルムアルデヒドを加えると下式のようにヘキサメチレンテトラアミノを生じ，溶液は酸性を呈する．ここに生じた酸をアルカリ標準液で滴定中和すると反応は右へ進み，等量点における滴定値よりアンモニウムイオン量を算出することができる．

$$4NH_4Cl + 6HCHO + 4NaOH \longrightarrow (CH_2)_6N_4 + 4NaCl + 10H_2O$$

チモールブルーを指示薬として，$0.1 \, mol \, L^{-1}$ 水酸化ナトリウム標準溶液を用いて滴定し，チモールブルーの緑→濁青変色点を滴定の終点とする．

リン酸，炭酸，金属イオンなどは発色の妨害物質となる．

🖊️ 試薬

① 1：1ホルマリン液：市販のホルムアルデヒド液（含量37％）体積で1：1の割合で水と混和する．本試薬は，実験の都度必要量だけ作成する．市販の20％ホルマリン液でも可．

② チモールブルー指示薬：チモールブルーナトリウム塩1 gを乳鉢にとり，20％エタノール100 mLを徐々に加え，乳棒ですりながら溶解させ不溶物はろ過する．

③ $0.1 \, mol \, L^{-1}$ 水酸化ナトリウム標準溶液：13.2と同様，$0.1 \, mol \, L^{-1}$ シュウ酸溶液で滴定し，力価（ファクター）をあらかじめ求めておく．

👆 方法

CECの塩化カリウム溶液浸出液30 mLを100 mL三角フラスコにとり，1：1ホルマリン液2～3 mLおよびチモールブルー指示薬を3～4滴加える．$0.1 \, mol \, L^{-1}$ 水酸化ナトリウム標準溶液で滴定する．滴定は2連で行う．浸出に用いたものと同じ塩化カリウム溶液についても滴定を行いブランク値とする．

🧮 計算 [2]

CEC(cmol_c kg^{-1})

＝0.1×f×（サンプル滴定値－ブランク滴定値）×（100／液採取量）×（100／供試土壌量）

f：水酸化ナトリウム標準溶液のファクター

供試土壌量は乾土相当量

13.5.2 振とう浸出法

方法

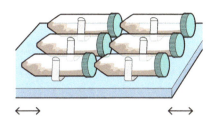

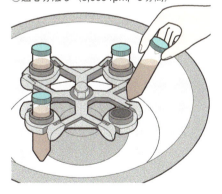

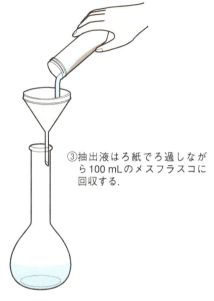

①風乾細土2.0 gを50 mL容蓋付遠心管にとり，1 mol L^{-1}酢酸アンモニウム溶液30 mLを加え，150 rpm程度で15分間振とう．

②遠心分離し（3,000 rpm，5分間）．

③抽出液はろ紙でろ過しながら100 mLのメスフラスコに回収する．

④遠心管に新たに1 mol L^{-1}酢酸アンモニウム溶液30 mLを加え，30秒間激しく振とうする．その後，②③の操作を繰り返す．全部で2回繰り返し，最後に1 mol L^{-1}酢酸アンモニウム溶液で100 mLに定容とする．抽出液は交換性陽イオン組成の定量に用いる．

⑤遠心管に80%メタノール20 mLを加え，30秒間激しく振とうし．遠心分離をして，上澄み液は捨てる．この操作をもう一度繰り返す．

⑥遠心管に10%塩化カリウム溶液30 mLを加え，①～④と同様の操作を3回行い，100 mLに定容する．抽出液は陽イオン交換容量の定量に用いる．

[図13-3] 陽イオン交換容量（振とう浸出法）[3]

注意点

　pH 7酢酸アンモニウム溶液は溶液pHに対する緩衝能を有するため，あくまでpH 7の環境下で交換可能な陽イオン交換サイト量を見積もる方法であることを留意する．また，抽出剤のpHは測定結果に影響を及ぼすため，正確に統一されなければ

Part 2 | 土壌の分析

ならない.

13.5.3 緩衝能を持たない振とう交換浸出法（塩化バリウム–硫酸マグネシウム法）

　本来CECは土壌固有の値を示すものではなく，抽出環境（pHや溶液組成）によって変化するものである．土壌の構成成分の中には，電荷を発現する際にpHの影響を受けるサイトが存在することはすでに説明したとおりである（3章参照）．また，我が国の土壌のpHは酸性を示す場合が多く，pH 7に矯正した溶液を用いた方法では，実際の現場における陽イオン交換容量よりも高く見積もってしまうことになる．特に，森林の表層土壌のように有機物含量の高い土壌では，有機物の持つ酸性官能基（カルボキシ基など）がpHの上昇にともない水素イオンを放出して解離し負に帯電するため，実際の現場土壌よりも陽イオン交換サイトを高く見積もってしまうことになる．

　そこで，現場の土壌溶液pHを反映した方法の必要性，すなわち有効陽イオン交換容量（ECEC）の測定法が議論されるようになり，いくつかの提案がなされている．次に示すpHに対して緩衝能をもたない塩化バリウム溶液と硫酸マグネシウム溶液を用いる方法は現場土壌のpHを極力反映させた方法である（地盤工学会，2008）．今後このような手法によるデータの蓄積を期待したいところである．

　測定の原理は次のとおりである．$0.1\,mol\,L^{-1}$の塩化バリウム溶液を用いてバリウムイオン（Ba^{2+}）で土壌に吸着されている陽イオンを洗浄・交換する．ただし，この状態では，高濃度のBa^{2+}により，陽イオンがもともと吸着していなかった一部のカルボキシ基や水酸基などに対してもBa^{2+}の吸着が起きる．そこで自然界の土壌溶液中のイオン濃度に近い$0.01\,mol\,L^{-1}$程度まで洗浄して低下させ，高濃度状態で吸着したBa^{2+}を脱着させていったん平衡状態にさせる．その後，既知濃度の硫酸マグネシウム溶液を加えることでBa^{2+}とSO_4^{2-}が難溶性の沈殿を形成するため，Ba^{2+}が吸着されていたサイトにMg^{2+}が代わって吸着される．交換浸出液に用いた硫酸マグネシウム溶液中のMg^{2+}濃度の低下量からCECを定量するというものである．

試薬

① $0.1\,mol\,L^{-1}$塩化バリウム溶液：塩化バリウム二水和物24.43 gを水1 Lに溶かし定容する．

② $2.5\,mmol\,L^{-1}$塩化バリウム溶液：①の$0.1\,mol\,L^{-1}$塩化バリウム溶液を25 mLとり，水で1 Lに定容する．

③ 0.02 mol L^{-1}硫酸マグネシウム溶液：硫酸マグネシウム七水和物4.93 gを水1 L に溶かし定容する.

④ マグネシウム標準液（0.001 mol L^{-1}）：③ で作製した0.02 mol L^{-1}硫酸マグネシウム溶液50 mLを1 Lのメスフラスコにとり水で定容する.

⑤ 10 mg-La L^{-1}酸性ランタン溶液：特級硝酸ランタン六水和物15.6 mgを500 mL 容メスフラスコにとり，水を加えて溶解後，市販濃塩酸（約12 mol L^{-1}）をメスシリンダーで42 mL加え，最後に500 mL容メスフラスコで定容する.

⑥ マグネシウム希釈標準液（検量線用）：④ のマグネシウム標準液の0，1，2，3，4，5 mLを100 mL容メスフラスコにとり，それぞれに ⑤ の酸性ランタン溶液を10 mL加え，水で定容する．検量線用の0〜0.05 mmol L^{-1}の標準液ができる.

👆方法

A. 吸着・洗浄処理

| 2.5 gの風乾細土を50 mL容の蓋付遠心管にとる |

採取した土壌試料（w_{soil}），さらに遠心管，蓋も合わせた総重量（w_{all1}）を秤量して記録しておく

| 0.1 mol L^{-1}塩化バリウム溶液30 mLを添加し，1時間往復振とうする |

| 3,000×gで10分間遠心分離を行い，上澄み液を100 mLのメスフラスコに回収する |

この操作をあと2回繰り返す.

| 回収した塩化バリウム溶液は最後に100 mLに定容し，ろ紙でろ過後，ポリビンなどに保存する* |

*本ろ液は，13.6に用いる

| 遠心管に2.5 mmol L^{-1}塩化バリウム溶液30 mLを加えて一夜（10〜14時間程度）振とうする |

| 3,000×gで10分間遠心分離を行い，上澄み液はろ紙でろ過する |

| この段階で一度，遠心管，蓋，湿潤状態の土壌の総重量（w_{all2}）を計測しておく* |

*土壌が吸水した量を把握するための操作である

| 次に，遠心管に0.02 mol L^{-1}硫酸マグネシウム溶液30 mLを加えて一夜（10〜14時間程度）振とうする |

| 3,000×gで10分間遠心分離を行い，上澄み液はろ紙でろ過する* |

*本ろ液は，以下のCECの定量に用いる

B. CECの定量

> 吸着・洗浄処理で得られたろ液およびブランクとして0.02 mol L⁻¹硫酸マグネシウム溶液をピペットなどで正確に2 mL採取し，それぞれ100 mLメスフラスコに入れる

↓

> 次に，0.1 mol L⁻¹塩化バリウム溶液を0.3 mL，酸性ランタン溶液を10 mL加え，水で100 mLに定容する*

*ここで試料希釈液およびブランク希釈液が得られる

↓

> 試薬⑥の希釈標準液およびブランク希釈液，各試料希釈液について原子吸光光度計を用いて，マグネシウムの分析線波長285.2 nmで測定値を得る

↓

> 以下の要領で検量線を作成し，ブランク希釈液（C_{bl}）および各試料希釈液中（$C_{samp.1}$）のマグネシウム濃度を求める

C. 検量線の作成方法

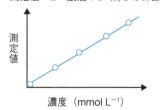

測定値＝a×濃度＋b（a, bは係数）

検量線とは，当該成分の標準液濃度とその測定値（指針値，吸光度など）との間に成り立つ関係式のことである．この関係式に，目的試料（濃度未知）の測定値を代入することで，濃度を算出できる．

検量線を作成するときは，必ずグラフ化し，直線性が得られているかを確認する必要がある．

計算

① 0.02 mol L⁻¹硫酸マグネシウム溶液でバリウムイオンを脱着処理する際は，土壌が湿潤状態となっているため，試料中のマグネシウム濃度を計算するには，吸水した水分量を考慮した体積補正が必要となる．

$$C_{samp.2} = C_{samp.1} \times (a \times w_{all2} - w_{all1}) / a$$

$C_{samp.2}$：補正後の試料中マグネシウム濃度（mmol L⁻¹）
a：吸着したバリウムイオンの脱着用に加えた0.02 mol L⁻¹硫酸マグネシウム溶液重量（本法では30 mL≒30 g）

② CECの算出方法は以下のとおりである．

$$\mathrm{CEC}(\mathrm{cmol_c\ kg^{-1}}) = (C_{bl} - C_{samp.2}) \times 100 \times a / w_{d\text{-}soil}$$

$w_{d\text{-}soil}$（乾土重量）：$w_{d\text{-}soil}$（風乾土重量）×100／（100－風乾土水分率％）
風乾土の水分率の測定法は14.2を参照

Chapter 13 | 土壌の化学性分析

⚠ 注意点

① CECの値が 40 cmol$_c$ kg^{-1} を超える場合は，土壌試料を減じてやり直す．

② 黒ボク土のように著しい硫酸イオンの特異吸着が起こる土壌では，土壌採取量や硫酸マグネシウムの添加量によっては，測定値に影響する場合がある．

③ 試料中に石灰岩や石膏に由来するカルシウム成分が多い場合は，その妨害影響を受けて CEC 値が小さくなる傾向がある．

④ 遠心分離をする際は，漏出や遠心管の破損を避けるため，必ず上皿天秤などを用いてバランスを揃える．

📖 参考

本手法は，地盤工学会基準の方法であり，ISO 11260 にも準拠したものである．

13.6 交換性陽イオンの定性・定量

土壌中の交換性陽イオンは，主に Ca^{2+}，Mg^{2+}，K$^+$，Na$^+$ であり，CEC 測定 (13.5.1〜13.5.3参照) の際の酢酸アンモニウム浸出液や塩化バリウム浸出液などを用いて，適宜希釈したうえで原子吸光光度計もしくは高周波誘導結合プラズマ発光分析器 (ICP-AES) を用いて測定する．特に ICP-AES は多元素同時測定が可能なうえ，測定感度も高いため，濃度の低い Ba^{2+}，Sr^{2+}，Cs$^+$ なども測定が可能である．各々の機器の設定条件などについては，機種などにより異なるため取扱説明書を参照のこと．以下は，原子吸光分析法に供する際の試料作成要領を紹介する．

原子吸光分析とは，試料を高温 (2,000〜3,000 K) の炎や炉の中に導入し，原子化した元素が特定の光を吸収する原理を利用した方法である．炎を用いるものをフレーム原子吸光法，高温炉を用いるものをフレームレス原子吸光法 (または，グラファイトファーネス原子吸光法) という．フレーム用には，空気−アセチレンガスなどが主に用いられる．フレームレスでは，グラファイトでできたキュベットに試料を導入し，大量の電流を流すことで発熱させて元素を原子化する．一般にフレームレスの方が測定感度は高いが，導入コストはフレームの方が圧倒的に低い．土壌中の交換性陽イオンを測定する場合はフレーム型を用いる．

原子吸光法は，測定元素ごとに用いる光の波長が異なるため，対象元素ごとに光源ランプを交換しなくてはならない．また，測定時に様々な干渉作用 (化学干渉やイオン化干渉など) が起こる．たとえば，CEC 測定時の抽出液には，ケイ酸やリン酸イオ

ンなど共存物が多量に存在する．これらはカルシウムやマグネシウムなどと安定な塩を形成し，測定時の阻害要因（化学干渉作用）となる．このような場合，対象元素のマグネシウムよりも過剰のストロンチウムやランタン（前節13.5.3で使用）を添加することで共存物と結合し，測定対象元素への干渉を除去することができる．

なお，原子吸光装置の取り扱い詳細については成書に譲る．また，機種ごとの特性については取扱説明書を参照のこと．

試薬

① Ca，Mg，K，Na標準原液：それぞれ市販の$1,000 \, mg \, kg^{-1}$（ppm）標準液を用意する．

② $20,000 \, mg \, kg^{-1}$（ppm）ストロンチウム（Sr）溶液：塩化ストロンチウム六水和物の61 gを水に溶かして1 Lとする．

③ Ca，Mg，K，Na希釈標準液：それぞれの$1,000 \, mg \, kg^{-1}$標準原液を100 mL容メスフラスコにピペットで正確に10 mLとり，水で定容する（$100 \, mg \, kg^{-1}$標準液ができる）．この$100 \, mg \, kg^{-1}$標準液をさらに希釈して，検量線に用いる希釈標準液を作成する．通常，Caで$0 \sim 20 \, mg \, kg^{-1}$，Mgで$0 \sim 5 \, mg \, kg^{-1}$，Kで$0 \sim 10 \, mg \, kg^{-1}$，Naで$0 \sim 5 \, mg \, kg^{-1}$の範囲で5段階程度作ればよい．ただし，干渉除去のため，希釈標準液には，②のSr溶液をバックグランド濃度$1,000 \, mg \, kg^{-1}$となるように添加する．また，溶液のマトリクスを試料液と同じ条件にするため，交換性陽イオンの浸出に用いた溶液（酢酸アンモニウムや塩化バリウム）を試料希釈液と同濃度になるように添加する必要がある．

方法

カルシウム

検量線に用いる希釈標準液は，100 mL容メスフラスコに，②のSr溶液を5 mL加え，③の$100 \, mg \, kg^{-1}$標準液を0，2，5，10，20 mL加えて，$1 \, mol \, L^{-1}$酢酸アンモニウム溶液（13.5.1または13.5.2の場合），または$0.1 \, mol \, L^{-1}$塩化バリウム溶液（13.5.3の場合）を希釈試料液と同濃度になるよう適宜加え，最後に水で定容したものを用意する．同様に，各種浸出液試料についても，検量線の濃度範囲におさまるように適宜希釈し，標準液同様②のSr溶液を5 mL加え，水で定容する．

カルシウム用のランプを原子吸光装置に装着し，分析線は422.7 nmで測定する．最初に検量線用希釈標準液を測定して検量線を作成しておいて，次に希釈試料液の測

定を行う．希釈試料液中のカルシウム濃度は検量線から求める．

マグネシウム

カルシウムに準じて試料液および検量線用希釈標準液を作成する．マグネシウムの分析線は，285.2 nmである．

カリウムおよびナトリウム

これらもカルシウムに準じて試料液および検量線用希釈標準液を作成する．カリウムの分析線は766.5 nm，ナトリウムは589.0 nmである．

計算

希釈試料液中の各陽イオン濃度は，各々検量線から算出し，最終的に供試土壌中の含有量として表示する．

結果の表示方法は，CEC同様に$cmol_c\ kg^{-1}$を用いる．その場合，Ca^{2+}，Mg^{2+}，K^+，Na^+の価数の総量がCECに占める割合（％）を塩基飽和度（3章参照）という．

$$塩基飽和度 = \frac{[Ca^{2+} + Mg^{2+} + K^+ + Na^+]}{CEC} \times 100$$

また，施肥量など肥料表示として示す場合は，土壌1 kgあたりの酸化物量表示（CaO，MgO，K_2O，Na_2O）にするのが慣例的である．土壌1 kgあたりの各イオン濃度を算出して，それぞれCaOへは1.44，MgOへは1.66，K_2Oへは2.41，Na_2Oへは2.70を乗じることで求まる．

参考

① カリウムは原子吸光測定時の干渉が比較的少ないためストロンチウムの添加は不要と考えられるが，本書ではすべての元素を同じ工程で実施するよう記載した．

② 高周波誘導結合プラズマ発光分析器（ICP-AES）は，トーチ上の試料導入口を同心円状の誘導コイルで高周波印加し，アルゴンガスを電離させてドーナツ状のプラズマを生成させ（5,000～6,000 K），この中に試料を導入することで元素が励起し，固有の波長の光を発現する原理を利用するもので，固有の波長で元素の定性を，その強度で定量が行える．測定対象元素が幅広く，かつ，同時分析できる点が大きなメリットである．

Part 2 | 土壌の分析

13.7 有機物含量（全炭素量，有機態炭素量）

　全炭素，全窒素分析は現在では乾式燃焼法の原理を利用した分析機器が一般的に用いられるようになった．乾式燃焼法の測定原理は，試料を燃焼炉（800℃以上）で燃焼させて，有機態炭素および窒素をCO_2，NO_xにガス化させ，さらにNO_xは還元銅と接触させてN_2に還元させた後，CO_2とN_2を熱伝導度型検出器（TCD）を備えたガスクロマトグラフィーで定量するというものである．日本の土壌に多い酸性土壌では，全炭素量≒有機態炭素量とみなすことができ，無機炭素量を考慮する必要がない場合が多い．目安として土壌pHが7を超えるものや石灰岩を母材とする土壌については炭酸塩由来の無機炭素の存在を考慮する必要がある．そのような場合は，塩酸で炭酸塩を溶解処理後，よく洗浄した土壌試料中の全炭素もあわせて測定することにより，全炭素と有機態炭素の両者を分析することができる．

　以下に記す湿式分解法は全炭素ではなく，有機態炭素を定量する方法である．この方法（Tyurin変法：Walkly&Black法）は，比較的精度が高く，かつ簡易で迅速な方法であり，乾式燃焼法が一般化する以前はかなり汎用的に用いられていた．硫酸酸性下において強力な酸化剤（二クロム酸）を用いて土壌中の有機物を酸化分解し，残った酸化剤の量から有機炭素量を計算して求める．

📎 試薬

① 0.1667 mol L^{-1}二クロム酸カリウム溶液：特級二クロム酸カリウム49.04 gを正確に秤量し，水で1 Lに定容する．

② 濃硫酸：特級濃硫酸（市販品のまま）

③ 85%リン酸：特級リン酸（市販品のまま）

④ フッ化ナトリウム：特級フッ化ナトリウム（市販品のまま）

⑤ ジフェニルアミン指示薬：ジフェニルアミン約0.5 gを水20 mLに入れ，濃硫酸100 mLを注いで溶かす．

⑥ 0.5 mol L^{-1}硫酸第一鉄アンモニウム（モール塩）溶液：特級硫酸第一鉄アンモニウム196.1 gを正確に秤量し，濃硫酸20 mLを含む水約800 mLに溶かした後，1 Lに定容する．この溶液は必ず，実験の直前に①の二クロム酸溶液を用いて滴定し力価（ファクター）を求めておく．

Chapter 13 | 土壌の化学性分析

方法

風乾細微土200～500 mgを正確に秤量して乾燥済みの500 mL容三角フラスコにとる

↓

ニクロム酸カリウム溶液を正確に10 mL注入し，フラスコを軽く振って混和する

↓

メスシリンダーで濃硫酸20 mLを加え，10秒程度穏やかに振り混ぜ，よく混和する

↓

正確に30分間静置し，放冷

↓

水で約200 mLに希釈

↓

特級リン酸を約10 mL，フッ化ナトリウムを約200 mg，ジフェニルアミン指示薬を1 mL加える

↓

0.5 mol L^{-1}硫酸第一鉄アンモニウム（モール塩）溶液で逆滴定

当初暗緑色を呈していた溶液が青濁色を経由して澄んだ緑色を呈した時点を滴定終点とする．

計算

土壌有機物が本法で酸化される割合は77％として取り扱い，以下の計算式により有機炭素含量 $C(\text{g kg}^{-1})$ を求める[4]．

$$\text{有機炭素含有量：} C(\text{g kg}^{-1}) = \frac{(B-S) \times (PN/B) \times 3 \times (100/77)}{W \times 1000} \times 1000$$

B：サンプル滴定値（mL）

S：ブランク滴定値（mL）

P：ニクロム酸カリウムの使用量（mL）

N：ニクロム酸カリウムの力価

W：土壌試料重（乾土相当量）（g）

なお，硫酸第一鉄アンモニウム（モール塩）溶液の力価はPN/B．

式中の分子の3（＝12/4）は炭素の1 mg当量である．本法では，$P=10$，$N=1$なので，

$$\text{有機炭素含有量：} C(\text{g kg}^{-1}) = (1-(S/B)) \times 38.96/W$$

と表せる．

注意点

① ニクロム酸カリウム溶液の消費量が多く，滴定値が4 mL以下になるような場合は土壌試料を減らしてやり直す．

Part 2 | 土壌の分析

② 本法による有機炭素の平均回収率は乾式燃焼法の77％として取り扱ったが，厳密には土壌により回収率は異なると考えるべきである．

③ 試料中にFe^{2+}，Mn化合物，塩化物が多量に存在するとそれらの酸化反応のため過大評価をもたらしてしまう．通常の土壌では，Fe^{2+}やMn化合物が大きな誤差を生み出すことはごくまれであるが，塩酸抽出液など塩化物が多量に存在する場合はAg$^+$溶液などで沈殿除去しなければ適用できない．

④ 本法は，土壌有機物がみな同じ成分で構成されているという仮定のもと，二クロム酸カリウムによる酸化反応量を基準に炭素量を算出している．同一土壌の有機物含量の違いを検討する程度ならば問題は小さいが，異なる土壌間の異なる有機物含量を比較するには正確さがやや劣る．

13.8 全窒素（ケルダール分解・蒸留法）

　ケルダール法は硝酸態窒素を考慮しない湿式分解法であるが，土壌中の窒素の大半が有機態で存在することから，本法で得られる値を全窒素量とみなせる場合が多い．原理は次のとおりである．有機態窒素化合物を濃硫酸硫酸銅（触媒），硫酸カリウム（沸点上昇剤）とともに加熱分解させると硫酸アンモニウムを生成する．生成した硫酸アンモニウムを，強アルカリ条件下で水蒸気蒸留法を用いてアンモニアとして蒸留し，硫酸溶液に捕集する．捕集されたアンモニアはアンモニウムイオンとして硫酸イオンと反応するので，残った硫酸を水酸化ナトリウムで逆滴定して窒素量を求める．

試薬

① 濃硫酸：市販品のまま

② 分解促進剤：硫酸カリウムと硫酸銅を重量比で9：1に混合し，乳鉢で粉砕する．また，錠剤化されたものが市販されている．

③ 0.02 mol L^{-1}硫酸溶液（捕集液）：市販の1 mol L^{-1}硫酸を適宜正確に希釈して作成する．

④ 0.02 mol L^{-1}水酸化ナトリウム液（滴定液）：本液は，13.2で示した要領で，使用直前に同濃度のシュウ酸溶液とフェノールフタレイン指示薬をもちいて滴定し，濃度を正確に標定しておく．

⑤ メチルレッド指示薬：メチルレッド200 mgを60％エタノール100 mLに溶かす．変色域は，pH 4.2（赤）〜6.3（黄）．

156

⑥ 濃水酸化ナトリウム液（40％程度）：1測定に10 mL必要．

方法

分解処理

```
風乾細土1～3 gをケルダール分解フラスコに秤取
  ↓ ←分解促進剤 約1 g
  ↓ ←濃硫酸 10 mL（フラスコの首に付着した土壌試料を洗いこむように）
  ↓ 以後の操作は，分解に伴う酸性ガス（亜硫酸ガス）が発生するためドラフト内で行う
分解フラスコをごく弱火で加熱（専用の分解器やマントルヒーターを使用の場合も同様）
  ↓ 初期は温度を上げすぎない
  ↓ 有機物の分解が始まり，白煙が発生し，フラスコ内の突沸がおさまるまで待つ
白煙と突沸がおさまった後，強熱で反応
  ↓ （黒色→帯緑濁色→白濁色と変化）
白濁色となったら分解操作を終了し放冷
  ↓ フラスコ内に静かに水を流し込む（発熱に注意する）
放冷後100 mL容メスフラスコで定容（沈殿部分もよく洗い，洗液をフラスコに移す）
  ↓
分解液の一定量を用いて水蒸気蒸留法にてアンモニア態窒素を定量
```

水蒸気蒸留法

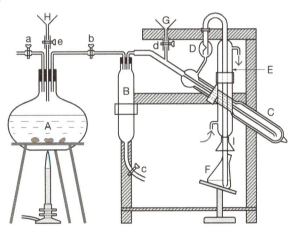

[図13-4] セミミクロ蒸留器

A：水蒸気発生用フラスコ（突沸防止用の素焼きのかけら数個を入れる．硫酸数滴を加え酸性にする．指示薬にメチルレッドを添加．），B：廃液管，C：蒸留室，D：ドロップキャッチャー，E：冷却管，F：受器（100 mL容三角フラスコ），G：試料添加漏斗，H：水の注入口，I：露避け用の漏斗またはハネ，a～eはすべてコック．ゴム管を使って水道と冷却管Eの下端部を連結させておく．冷却管上部の排水口にゴム管を連結させ，シンクなどへ排水できるようにする．

Part 2 | 土壌の分析

① コックa, dを開けて, b, cは閉じた状態で, 水蒸気発生用フラスコAを加熱して水蒸気を発生させる. 水蒸気が発生したころに, 水道の蛇口を開き, 冷却管Eに通水を始める.

② 100 mL容三角フラスコに10 mLの試薬 ③（0.02 mol L^{-1}硫酸溶液）と試薬 ⑤（メチルレッド指示薬）2滴を加え, 冷却管下端が液中に浸るようにFの位置にセットする. 高さや角度は適宜調整する.

③ 漏斗Gより, 分解試料液を正確に10 mL注入し, 少量の水で漏斗を洗いこんだあと, 試薬 ⑥（濃水酸化ナトリウム液）を約10 mL注入し, 速やかに少量の水で洗いこみ, コックdを閉じる.

④ コックbを開けて, aを閉じると水蒸気が蒸留室Cに送り込まれる. 30 mL以上の蒸留液が得られるまで続ける.

⑤ 蒸留液が十分たまったら, 三角フラスコを真下にはずしつつ, 冷却管下端部を水で洗いこみ, 最後に冷却管から完全にはずす. この捕集液が滴定試料液となる.

⑥ 試料の代わりに水10 mLを用いて, ②〜⑤ の一連の操作を繰り返して得た捕集液をブランクとする.

※蒸留装置の洗浄操作

水を入れたビーカーをFの位置にセットする. コックaを開き, bを閉じると, ビーカー内の水が蒸留装置側に逆流するので蒸留室内の洗浄ができる. この液のすべてがBの廃液管に移動したら, コックc, dを開けて廃液を回収する. 再び, コックcを閉じれば, 次の蒸留操作ができる.

計算

0.02 mol L^{-1}水酸化ナトリウム滴定試薬の1 mLは, 0.2801 mg（NH$_4$-N）に相当する. したがって, 乾土1 kg中に含まれる窒素（mg）

$$=0.2801 \times f \times (t-b) \times \frac{100}{\text{蒸留に用いた試料液 (mL)}} \times \frac{1000}{\text{分析に供した乾土相当重 (g)}}$$

f：0.02 mol L^{-1}硫酸溶液の力価（ファクター）

t：滴定値（mL）

b：ブランク滴定値（mL）

Chapter 13 | 土壌の化学性分析

⚠ 注意点

蒸留操作中にFの捕集液が赤色から黄色に変化した場合は，アンモニアが過剰で
あったか，濃水酸化ナトリウム液の混入が原因と考えられるため，そのような場合は
やり直す．

📖 参考

① 分解装置には脱硫装置を連結することが望ましい．もしくはスクラバーに連結し
たドラフトチャンバー内で行う．
② 前述 (13.7) のとおり，現在は土壌の全窒素は乾式燃焼法が一般的となっている．
③ 土壌試料のように様々な夾雑物が存在する場合，分解液試料に比色法などが適用
しにくいため，窒素だけを精度よく精製・定量できるという点で水蒸気蒸留法は
優れている．

13.9 無機態窒素の定量（アンモニア態窒素）

土壌中に存在する無機態窒素の形態には，アンモニア態 (NH_4-N)，硝酸態 (NO_3-
N)，亜硝酸態 (NO_2-N) がある．アンモニア態は，水溶態，交換態，そして固定態
に分けられるが，固定態はバーミキュライトなど膨潤性粘土鉱物の層間に存在するも
のなどを指し (3章参照)，通常は水溶態と交換態の合量を測定する．

測定原理は，中性塩溶液（塩化カリウム溶液など）を用いて，水溶態に加え，土壌
に吸着されている交換態を交換浸出させるというものである．

アンモニア態窒素の定量には，13.8で紹介した水蒸気蒸留−滴定法を用いる．ただし，
浸出液中に混入する有機態窒素の加水分解反応を避けるため，アルカリ剤には水酸化
ナトリウムの代わりに酸化マグネシウムを用いる．

また，現地土壌における窒素の形態を把握するために，できるだけ未風乾土を用い
て測定する．

🧪 試薬

① $2\ mol\ L^{-1}$ 塩化カリウム溶液：149 gの特級塩化カリウムを水1 Lに溶かす．
② 酸化マグネシウム：酸化マグネシウム50 g程度を電気炉を用いて600〜700℃程
度で2時間加熱して，吸着している二酸化炭素を追い出す．使用直前に水を加え
て懸濁状態とする．

159

Part 2 | 土壌の分析

🖐 方法

2 mmの篩を通過させた未風乾土10 gを200 mL容程度のポリ瓶に入れ，2 mol L^{-1}塩化カリウム溶液を100 mL加えて1時間振とう浸出する．振とう終了後，しばらく静置した後，上澄み液をろ過して試料液とする．

試料液中のアンモニア態窒素の定量には，アルカリ剤に酸化マグネシウム懸濁液（酸化マグネシウム約1 g相当量）を用いて，13.8の方法で測定する．

📖 参考

① アンモニア態窒素の定量方法は様々あるが[5]，後述の硝酸態窒素のほか1台で各種イオン類にも対応し，30項目以上の測定が可能なポケットサイズの反射式光度計（RQフレックス；関東化学）もある．RQフレックスでは，アンモニウムイオンをインドフェノールブルー法で測定する．また，測定精度は劣るものの同反応原理を用いたパックテスト（（株）共立理化学研究所）も便利なキットである．ただし，このような手法は，夾雑物が過度に反応を阻害するような場合（塩類濃度が高い場合など）には適応できない．

② 試料液中のアンモニウムイオンが微量な場合は，微量拡散法[6]を用いる．

13.10 無機態窒素の定量（硝酸態窒素）

硝酸態窒素は，土壌中では主に水溶態の硝酸イオンとして存在し，吸着態としての存在量は少ない．測定原理としては，試料液に触媒（デバルタ合金）を加え，水蒸気蒸留法でアンモニア態に還元した後，捕集液を滴定もしくは比色法を用いるのがかつては一般的であったが，近年ではイオン選択性電極による測定やイオンクロマトグラフィーを用いた測定法が主流となっている．本項では，最も簡便なイオン選択性電極を用いた硝酸イオンの定量方法を紹介する．

✏️ 試薬

① 硝酸性窒素標準液：市販の硝酸性窒素標準液（例：1,000 ppm）を用いて，適宜希釈し，低濃度標準液と高濃度標準液を作成する．各標準液量は50～100 mL程度で十分である．また，硫酸カリウム（イオン強度調整剤）が最終濃度0.4％となるように添加しておく．これら希釈標準液は検量線を作成するためのものであり，未知試料の濃度がおさまるように濃度範囲を設定する．（例：1 μmol L^{-1}-N

160

Chapter 13 | 土壌の化学性分析

と 10 μmol L^{-1}-N など).

② イオン強度調整剤：特級硫酸カリウムを乳鉢で粉砕したものを用意する.

方法

13.9 と同様の未風乾土 10 g を 200 mL 容程度のポリ瓶に入れ，水 100 mL と硫酸カリウム 0.4 g を加えて，30 分間振とうし，上澄み液をろ過して試料液とする.

試薬 ① の標準液（低濃度，高濃度）について，マグネチックスターラーを用いてかき混ぜながら，イオンメーターに接続したイオン選択性電極を挿入して値を読む（イオン選択性電極，イオンメーターの取り扱いについては各機種説明書を参照）. 両液の濃度と測定値から検量線を作成する. 同様にして，試料液 50 mL 程度をビーカーにとり，電極を挿入して値を読み，検量線に当てはめて試料液中の硝酸態窒素濃度を算出する.

注意点

① 検量線を作成する際の標準液と試料液の温度は測定前に揃えておく.

② 上澄み液が濁る場合は，ろ過の前に遠心分離を行うとよい.

③ 試料液中の共存イオン濃度が高い場合は，試料液中のイオン組成になるべく近い標準液を作成して検量線をつくる必要がある.

④ イオン選択性電極は夾雑物の干渉作用を受けやすい. 場合によっては，夾雑物を沈殿除去したり，試料液を精製する必要がある. 特に，塩化物イオンは要注意である. イオンメーターに関連して，干渉成分を除去する試薬キットもある.

13.11 可給態窒素

植物が養分として吸収する窒素は無機態（主に硝酸態であり，一部アンモニア態）である. しかし，土壌に存在する窒素の大部分は有機態であり，微生物の分解作用により無機化されることではじめて植物にとって養分窒素としての機能を発現する. 窒素は有機態で存在する間は，降水や灌漑水などで洗い流されることはほとんどなく，貯蔵的形態をとっているとみなすことができる.

可給態窒素とは，土壌中の有機態窒素が微生物の反応を経て，植物にとっての養分窒素として機能しうる画分である. その測定方法には，微生物反応を利用する方法と抽出剤を用いる化学的方法とがある. 前者は土壌を一定期間培養し，微生物反応によ

り生成する無機態窒素を測定する方法であり，実際の圃場や野外環境を想定して培養
条件を変えることも可能である．一方，後者は簡便かつさまざまな形態の窒素を個別
に抽出することが可能な反面，微生物反応に関与しにくい画分も含まれる．そのため
植物の吸収量との相関は決して高くなく，手法の有効性は限定的である．以下には，
前者の例として畑状態による保温培養法を紹介する．ここでの紹介は割愛するが，水
田土壌を想定した培養方法もある．

Chapter 13 | 土壌の化学性分析

🖐 **方法**

①100 mL容培養瓶に風乾細土20 gを秤取(後の抽出の際に液漏れしない容器が望ましい). 土壌水分を考慮のうえ, 最大容水量の60%相当となるよう水を添加する.

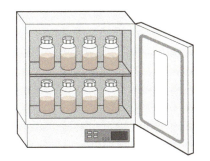

②ゆるめに蓋をして培養瓶ごと全体の重量を記録した後, 30℃で4週間恒温培養する. 1週間おきに重量を測定して減った水分量を補う.

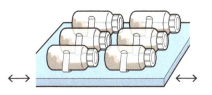

③培養終了後, 2 mol L^{-1}塩化カリウム溶液80 mLを加えて, 30分振とう抽出. このときブランクとして, 同一水分条件に調整した, 培養を経ない試料の抽出を必ず行う.

④培養終了後, 上澄みを乾燥ろ紙でろ過. ろ液はねじ口つきのポリビンなどに回収し, 分析に供するまで低温保存する.
⑤ろ液の一定量をとって無機態窒素を定量する.

[図13-5] 可給態窒素(保温培養法)

無機態窒素の定量法

ろ液中には, アンモニア態(NH_4-N), 硝酸態(NO_3-N), 亜硝酸態(NO_2-N)の窒素が混在している. ここにデバルタ合金を触媒として加え硝酸態と亜硝酸態をアンモニア態に還元して蒸留することで無機態窒素を一括定量することができる.

蒸留装置は, 13.8で示したものと原理は同じであるが, デバルタ合金投入口のつい

〔図13-4〕からの抜粋

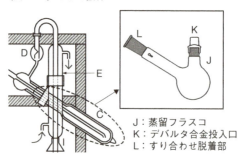

J：蒸留フラスコ
K：デバルタ合金投入口
L：すり合わせ脱着部

[図13-6] 還元蒸留用の蒸留器

た取り外し可能な蒸留フラスコを用意する．

試薬

　デバルタ合金：特級デバルタ合金（銅50%，アルミニウム45%，亜鉛5%の合金粉末）を粉砕し，目開き150 μmの篩を通過させる．
　他の試薬類は13.8，13.9を参照．

方法

　蒸留方法は，13.8と同じ要領である．100 mL容三角フラスコに10 mLの0.02 mol L^{-1}硫酸溶液とメチルレッド指示薬2滴を加え，冷却管下端が液中に浸るようにセットする．蒸留フラスコK部から，ろ液の一定量（10〜20 mL），酸化マグネシウム懸濁液（酸化マグネシウム0.2 g相当），最終液量が50 mL程度になるように水を加える．デバルタ合金0.2 gを最後に加え，水蒸気蒸留を行い，30 mL以上の蒸留液を得る．捕集した蒸留液は，13.8と同様の操作にて滴定を行い，窒素量を算出する．

計算

　培養した試料および培養を経ない試料の抽出液中に含まれる無機態窒素量を定量し，両値の差を乾土あたりに換算してmgで表示する．また，抽出に用いた塩化カリウム溶液のブランク滴定も必ず行っておく．

Chapter 13 | 土壌の化学性分析

📖 参考

　本蒸留方法では，窒素の形態別分析を行うことも可能である．その場合，デバルタ合金を加えずに蒸留することでまずアンモニア態を捕集することができる．その後，残留液にデバルタ合金を加えて，捕集液を取り換えた後，再度蒸留することで硝酸態と亜硝酸態を捕集することができる．

13.12 リン酸吸収係数

　リン酸吸収係数は，土壌がリン酸を吸収する目安量を表す指標であり，リン酸肥料の施用量やその肥効を知るために用いられる．また，黒ボク土など火山灰土に含まれる鉱物（アロフェンやフェリハイドライト）やアルミニウムイオン（活性Al）がリン酸を吸着する能力が高いことから，黒ボク土をほかの土壌と識別するための指標としても用いられる．

✏️ 試薬

① リン酸アンモニウム液

　　特級リン酸二アンモニウム$(NH_4)_2HPO_4$ 25 gを水1 Lに溶解させる．約50％（V/V）のリン酸を滴下しながら良くかき混ぜ，pH 7.0に調整する．さらに，後述するバナドモリブデン酸法にて本液中のリン酸濃度をあらかじめ測定し，リン酸濃度が13.44 g-P_2O_5 L^{-1}となるよう，適宜水を加えて最終調整する．

② リン酸標準液

　　特級リン酸一カリウムKH_2PO_4を110℃の乾熱器内で一晩乾燥させる．191.7 mgを水に溶かし，濃硝酸3 mLを加えた後，メスフラスコで1 Lに定容し，100 mg-P_2O_5標準液を作成する．

③ バナドモリブデン酸発色液

　1) 特級メタバナジン酸アンモニウムNH_4VO_3の1.25 gを沸騰水250 mLに溶解させる．放冷後，特級濃硝酸を250 mL加えておく．

　2) 25 gの特級モリブデン酸アンモニウム$(NH_4)_6Mo_7O_{24}$・$4H_2O$を熱水約500 mLに溶解させ，放冷させる．

　3) 1)と2)を加え，最後に水で1 Lに定量した後，褐色ビンにて保存する．

Part 2 | 土壌の分析

🖐方法

抽出処理

乾土 25.0 g 相当の風乾土を 100 mL 容の三角フラスコにとり，試薬 ① のリン酸アンモニウム液を正確に 50 mL 加え，25℃で 24 時間，振とうする（もしくは時々手で振り混ぜる）

↓

乾燥ろ紙*を用いて，振とう液をろ過する

*乾燥ろ紙：105℃の乾熱器内で一晩乾燥させたもの

↓

ろ液 2 mL をホールピペットなどで正確に 100 mL 容メスフラスコにとり，水で定容する

抽出液中のリン酸含量の定量（バナドモリブデン酸法）

上記希釈液の 5 mL を 50 mL 容のメスフラスコにとり，水を加えて約 30 mL 程度に調整する

↓

バナドモリブデン酸発色液を 10 mL 加え，水で 50 mL に定容した後，よく振り混ぜる

↓

5 分以上経過後，発色が安定するのを待って，440 nm の波長にて吸光光度計で吸光度を測定する

↓

試薬 ② のリン酸標準液 0〜25 mL を用いて，試料希釈液と同様の操作を行い，検量線*を作成する

*検量線は 0 mL（ブランク）を含め，5 段階程度（例：5, 10, 15, 25 mL）とする

↓

試料希釈液の測定値を検量線に代入して，希釈液 5 mL 中に含まれるリン酸含量（μg-P_2O_5）を計算する

計算

$$リン酸吸収係数(g\text{-}P_2O_5\ kg^{-1}) = \left(13.44 - x \times \frac{100}{5} \times \frac{1}{2} \times \frac{1}{10^3}\right) \times 50 \times \frac{10^3}{25} \times \frac{1}{10^3}$$

結果は小数点第一位まで求める．

x：希釈液 5 mL 中に含まれるリン酸含量（μg-P_2O_5）

❗注意点

① 沸騰水を作成するにはガスバーナーや電気コンロなどを用いるのが一般的だが，電子レンジを用いても作ることができる．

② 黒ボク土の基準値は乾土あたり 15 g-P_2O_5 kg^{-1} 以上である．また，海外の土壌分類体系では本手法ではなく，リン酸保持量（P-retention）という方法が用いられ

166

Chapter 13 │ 土壌の化学性分析

る.

13.13 リンの形態分析（全リン酸，無機態リン酸，有機態リン酸）

リンは生命活動には欠かせない元素であり，土壌中では，結合相手によりその結合の強さや結合形態も変わる．特に，植物にとっては，無機態リンが必須養分として欠かせない．原理的には，異なる抽出剤を用いて土壌中での結合形態別に定量評価することも可能であり，近年では，核磁気共鳴装置（NMR）を用いて，詳細な構造を明らかにすることもできるようになった．ただし，本節では，極力簡便に土壌中のリンの存在量とその形態を明らかにすることを目的とし，全リン酸，無機態リン酸の定量方法を紹介する．また，両者の差し引きから，有機態リン酸量も算出できる．

土壌全リン酸含量の測定法の定法としては，硝酸–過塩素酸分解法があるが，過塩素酸の取り扱いには極めて注意を要することや，専用のドラフトを必要とするため，以下には定法との一致性の高さが認められている簡易法（乾式–灰化硫酸抽出法）[7]を紹介する．リン酸の定量方法には，モリブデンブルー法を紹介する．

🧪 試薬

$0.5\ mol\ L^{-1}$硫酸溶液：市販の濃硫酸28 mLをメスシリンダーで測り，水に溶かして最終液量を1 Lにする（ここでの硫酸の純度は95%，比重を1.84，分子量を98と仮定してある）．後述する可給態リン酸（トルオーグ法）で用いるリン酸抽出用硫酸溶液（$1\ mmol\ L^{-1}$）ほど厳密である必要はないので市販濃硫酸を希釈して作成してよい．

13.13.1 無機態リン酸の定量

┌───┐
│ 50 mL容の蓋付遠心管（または三角フラスコ）に0.5 gの風乾細微土を入れる │
└───┘
                    ↓
┌───┐
│ 25 mLの$0.5\ mol\ L^{-1}$硫酸溶液を加えて，往復振とう器で16時間振とう抽出する │
└───┘
                    ↓
┌───┐
│ 抽出後，遠心分離（または，しばらく静置）の後，ろ過をして上澄み液を回収する │
└───┘
                    ↓ 遠心分離は2,000×gで10分程度（試料の懸濁状態をみながら判断）
┌───┐
│ 上澄み液を適宜希釈してモリブデンブルー法（後述）にてリンの定量を行う │
└───┘

167

Part 2 | 土壌の分析

13.13.2 全リン酸の定量（乾式−灰化硫酸抽出法）

用いる磁性ルツボ（14.8参照）と蓋の重量を秤量しておく

↓

ルツボに風乾細微土0.5 g を加えて正確な総重量をノートに記載しておく

↓

ルツボごと105℃の電気炉で8時間以上乾燥させ，冷却後重量を測定する

（ただし，風乾土水分量をすでに求めてある場合はこの操作は省略できる）

↓

ルツボを電気炉に戻し550℃に加熱して1時間燃焼させた後，冷却後重量を測定する*

*ここで求められる減量分が強熱減量である

↓

25 mL の0.5 mol L^{-1}硫酸溶液で洗いこみながら燃焼後の試料を50 mL の蓋付遠心管内（または三角フラスコ）にすべて移し，無機リン同様に振とう抽出し，上澄み液を得る

↓

上澄み液を適宜希釈してモリブデンブルー法（後述）にてリンの定量を行う

モリブデンブルー法（抽出液中のリン酸の定量）

酸性条件でリン酸イオンとモリブデン酸との間で以下のような反応が起こる．

$$3NH_4^+ + 12MoO_4^{2-} + H_2PO_4^- + 22H^+ \longrightarrow (NH_4)_3PO_4 \cdot 12MoO_3 + 12H_2O$$

　ここで生成するリンモリブデン酸錯体（黄色）をアスコルビン酸で還元すると青色に変化する．この青色がリン酸イオン濃度に比例することを利用して，吸光光度計で比色定量する．

🖌試薬

① 混合発色液

1) 2.5 mol L^{-1}硫酸溶液

特級硫酸140 mL を800 mL 程度の水にゆっくりかき混ぜながら加え，放冷しつつ（または，氷水の入ったバットで冷却しながら），徐々に水を加えて最終的に1 L に定容する．硫酸の希釈操作は発熱に注意すること．

2) 4%モリブデン酸アンモニウム溶液

特級モリブデン酸アンモニウム40 g を60℃程度に加熱した水900 mL に溶かし，放冷後ろ過をして1 L に定容する．

3) アスコルビン酸溶液

特級L−アスコルビン酸1.76 g を水に溶かし100 mL に定容する．この溶液は作

成後1日以内に使用すること.
4) 酒石酸アンチモニルカリウム溶液

特級酒石酸アンチモニルカリウム0.27 gを水に溶かし100 mLに定容する.
5) 溶液1）100 mLに溶液2）を30 mL加えかき混ぜた後，溶液3）および溶液4）をそれぞれ60 mL，10 mL加えよくかき混ぜ，混合発色液とする．本溶液は作成後1日以内に使用する.

② リン酸標準液

105℃で一晩乾燥させた特級リン酸一カリウム191.7 mgを水に溶かし1 Lに定容する．この溶液をさらに25倍に希釈した4 mg-P_2O_5 L^{-1}溶液を標準液とする（1.75 mg-P L^{-1}相当）.

方法

検量線作成のために，リン酸標準液0 mL（ブランク），5，10，15，20，25 mLをそれぞれ50 mL容メスフラスコにとる．同様に，各抽出操作で得たろ液の5〜25 mL程度を50 mL容メスフラスコにとる（リン酸濃度によって適宜採取液量は調整する）．それぞれのメスフラスコは水を加えて約40 mLとする．これらに混合発色液8 mLを加えてよく振り混ぜて，最後に水で50 mLに定容する．発色後15分以降に波長880 nmで吸光度を測定する．試料中のリン濃度は検量線から求める．発色は10数時間程度安定である.

13.13.3 可給態リン酸（トルオーグ法）

植物，特に作物が吸収可能なリン酸含量を求めることを目的とした手法であるが，作物にとって吸収可能なリン酸の形態は様々であり，植物によっても吸収可能な形態や量は異なる．しかし，土壌の性質，たとえば，酸性か弱アルカリ性か，火山灰性か非火山灰性か，などによって植物にとって吸収可能なリン酸含量は大きく変わる[8]（前節も参照）．作物にとって有効なリン酸の測定方法は，これまでいくつかの手法が考案されている[9]．ここでは，わが国で最も汎用的に用いられ，測定データの蓄積が進んでいるトルオーグ法について紹介する．トルオーグ法は，酸性条件（pH 3）で溶解しやすいリン酸カルシウムやリン酸マグネシウムを可給態とみなした手法である.

試薬

リン酸抽出用硫酸溶液（1 mmol L^{-1}）：市販の0.5 mol L^{-1}硫酸溶液（容量分析用な

Part 2 | 土壌の分析

ど）10 mLをピペットなどで正確にとり，約4.5 Lとし，これに特級硫酸アンモニウムを15 g加えて溶かし，5 Lに定容する．この抽出液は，硫酸濃度が0.001 mol L^{-1}（0.001 N），pHは3.0となる．

方法

風乾細土1.0 gを250 mL容のポリ瓶（もしくは三角フラスコ）にとり，抽出用硫酸溶液を200 mL加え（三角フラスコの場合は蓋をして），30分間室温で振とう後，ろ過する．抽出液中のリン酸の定量方法は，前述のモリブデンブルー法を用いる．

参考

① 有機態リン酸含量は，全リン酸含量から無機態リン酸含量を差し引いた値とする．
② 無機態リン酸は，結合の相手によりCa型，Fe型，Al型などにさらに分別定量することもできる[8]．
③ 可給態リン酸（トルオーグリン酸）は農地においては，100 mg-P$_2$O$_5$ kg^{-1}を改善目標値とする．

注意点

原法は，土壌試料：抽出剤の量比が2：400であり，量比を変えることで抽出効率が変化することが報告されているが，本書では簡便性を優先し量比を1：200とした．

13.14 選択溶解法によるコロイド組成分析（主にFe, Al, Siの形態）

土壌中のコロイド成分は大きく分けて無機質と有機質に分けられる．無機コロイド成分には結晶質と非結晶質（低結晶質）の成分が含まれており，それぞれにケイ酸塩で構成されるもの，鉄やアルミニウムの酸化物，腐植−無機成分複合体で構成されるものが存在する．土壌コロイド成分は土壌中の物理的，化学的特性に最も強く影響を与える成分であり，これらの成分組成や含量は土壌の生成過程とも密接に関係するため，土壌の化学的特性の中でも最も重要な項目に位置づけられる．これら各成分を分画的に定量する方法として，各種溶媒による選択溶解実験法を紹介する．

本節の検液中の元素の定量方法については，比色定量や滴定法などが可能な場合もあるが，現在，汎用的に用いられることの多い原子吸光法またはICP発光分光分析法

（ICP-AES）を想定している．

13.14.1 ハイドロサルファイトナトリウムによる還元溶解法

アルカリ条件下で，還元剤であるハイドロサルファイトナトリウム（亜ジチオン酸ナトリウム）により遊離の鉄化合物を還元し，さらにクエン酸でキレート化合物を形成させ鉄を溶解するという方法で，脱鉄処理ともよばれる．この方法では，主に鉄や一部鉄を置換して存在しているチタン（Ti）の酸化物や水酸化物が溶解定量される．

🧪 試薬

① ハイドロサルファイトナトリウム（亜ジチオン酸ナトリウム $Na_2S_2O_4$）：市販品のまま用いる．

② クエン酸ナトリウム溶液：クエン酸ナトリウム二水和物（$Na_3C_6O_7 \cdot 2H_2O$）220 g を水1 Lに溶解し定容する．

③ 0.4％アコフロック溶液：高分子凝集剤アコフロック（MT AquaPolymer, Inc.）0.4 gを100 mLの水に溶解する．

👆 方法

風乾細微土 0.50 g を 50 mL 容ポリ製蓋付遠心管にとる
↓ ←ハイドロサルファイトナトリウム 0.5 g，クエン酸ナトリウム溶液 25 mL
16 時間振とう抽出（25℃）
↓
振とう終了
↓ 0.4％アコフロック溶液を2～3滴加え，よく振り混ぜる
遠心分離（＞8,000×g 10分）の後，ろ紙でろ過
↓ （試料が依然として赤褐色など脱鉄が不十分と思われる場合は，試薬①②を加え，同様の抽出操作をさらに1～2回繰り返す）
希釈液中のFe，Tiの定量分析（原子吸光またはICP発光分析*）

*各機器の取り扱いについては取扱説明書などを参照

❗ 注意点

① 原子吸光分析時の干渉となる還元剤を分解させるため，ろ液は適当な容器内で水により希釈後，よく振り混ぜ，容器の蓋を軽く開けた状態で1～2日間放置する．

② 抽出液中のNa濃度が高いため，機種にもよるがICP発光分析器に適用するにはかなりの高希釈液を準備する必要がある．

Part 2 | 土壌の分析

13.14.2 酸性シュウ酸塩抽出

本法は土壌構成成分のうち，結晶度の低いアルミノケイ酸塩鉱物（アロフェン）や鉄酸化物（フェリハイドライトなど）および有機物–金属複合体中のアルミニウムなどをキレート溶出させるものである．

試薬

$0.2 \, \text{mol L}^{-1}$ シュウ酸アンモニウム溶液（pH 3.0）：特級シュウ酸アンモニウム28.4 gと特級シュウ酸25.2 gをそれぞれ1 Lの水に溶かしておく．特級シュウ酸溶液750 mlに特級シュウ酸アンモニウム溶液を混合し，pH 3.0になるように加える．

方法

| 風乾細微土 0.25 g を 50 ml 容ポリ製蓋付遠心管にとる |
| ←0.2 mol L^{-1} シュウ酸アンモニウム溶液（pH 3.0）25 ml |
| 適当な箱に収めるなどして暗所条件とし，4時間振とう抽出 |
| 0.4％アコフロック溶液を2～3滴加え，よく振り混ぜる |
| 遠心分離（＞8,000×g　10分）の後，ろ紙でろ過 |
| ろ液中の Si，Al，Fe，Ti などの定量分析（原子吸光または ICP 発光分析）|

13.14.3 ピロリン酸ナトリウム抽出

抽出剤：本法の原理はピロリン酸のキレート形成作用を利用して，有機物と結合しているアルミニウムなどの金属元素を抽出するものである．

試薬

特級ピロリン酸ナトリウム（二りん酸ナトリウム十水和物）44.6 gを900 mL程度の水に溶かす．溶かした後，1 Lのメスフラスコを用いて定容する．

方法

| 風乾細微土 0.25 g を 50 ml 容ポリ製蓋付遠心管にとる |
| ←抽出剤 25 ml |
| 16時間振とう抽出（25℃）|
| 0.4％アコフロック溶液を2～3滴加え，よく振り混ぜる |
| 遠心分離（＞10,000×g　15分）の後，ろ紙でろ過 |

↓
ろ液中のAl, Feの定量分析（原子吸光またはICP発光分析）

［文献］

1. 千葉　明・新毛晴夫 (1977)「炭酸カルシウム添加・通気法による中和石灰量の測定」『日本土壌肥料学雑誌』48, p.237–242.

2. 山添文雄・越野正義・藤井国博・三輪睿太郎 (1973)『改訂　詳解肥料分析法』養賢堂, p.39-43.

3. 村本穰司・後藤逸男・蜷木翠 (1992)「振とう浸出法による土壌の交換性陽イオンおよび陽イオン交換容量の迅速分析」,『日本土壌肥料学雑誌』63(2), p.210-215.

4. 東京大学農学部農芸化学教室編 (1978)「有機物含量・全炭素含量」,『実験農芸化学　上　第3版』朝倉書店, p.284-286.

5. 日髙伸 (1997)「窒素」, 土壌環境分析法編集委員会編『土壌環境分析法』博友社, p.241-245.

6. 土壌養分測定法委員会編 (1991)「無機態窒素」,『土壌養分分析法』養賢堂, p.186-190.

7. 小宮山鉄兵ほか (2009)「土壌全リン酸含量簡易測定法」,『日本土壌肥料学雑誌』80(6), p.616-620.

8. 関谷宏三ほか (1991)「りん酸」, 土壌養分測定法委員会編『土壌養分分析法』養賢堂, p.225-257.

9. 南條正巳 (1997)「可給態リン酸」, 土壌環境分析法編集委員会編『土壌環境分析法』博友社, p.267-273.

Chapter 14 土壌の物理性分析

14.1 三相分布,乾燥密度(仮比重),礫含量

　土壌の構造は,固体,液体,気体で構成されており,その分布割合のことを三相分布とよぶ (2.1参照). 土壌の物理構造を示す最も基本的な項目であり,それぞれを固相,液相,気相として割合で示す(**図14-1**).

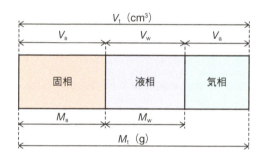

[図14-1] 土壌の物理構成(三相分布について)

方法

　現場にて,土壌構造を壊さぬように100 mL(または50 mL)容の円筒コア(図12-1A)を用いて以下の①〜⑥の手順(**図14-3**)で試料採取する.

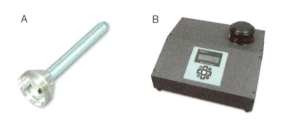

[図14-2] (A) 採土器　(B) 実容積測定装置
〔大起理化工業株式会社より提供〕

Chapter 14 | 土壌の物理性分析

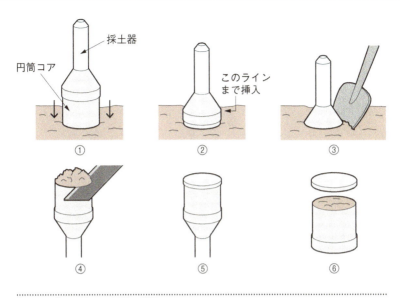

[図14-3] 円筒コア採取手順

　①② 円筒コア挿入には専用の採土器（**図14-2A**）を用いて，土壌の硬さに応じて手やハンマーを使って目的の層位上端がコアの上端と一致するところまで挿入する．植物根が多い場合は挿入の際にナイフや剪定ばさみを用いて根を切断しつつ慎重に挿入する．③ 挿入後は，スコップや移植ゴテを用いて周りの土を削り取りながらコアを回収する．④ 上下端のはみ出した土塊はナイフなどですり切り，⑤⑥ 蓋をしてビニールテープで固定して実験室内に持ち帰る．土壌断面を掘削できる場合は，表層から順に下層に向けてコア採取を行う．土壌断面が掘削できない場合は，採土器の代わりに専用の継ぎ手とハンマーを用い，表層から順に下層に向けて円筒コアを挿入して土壌試料の採取を行うこともできる．

　測定の手順は次のとおりである．

　固相と液相の体積和を，実容積測定装置（**図14-2B**）を用いて求める（詳細は実容積測定装置取扱説明書参照）．次に，土壌が充填されているコア重量を秤量した後，105℃で乾熱処理を行い，乾燥後再度秤量する．土壌試料にもよるが十分乾燥させるためには最低16時間以上乾熱する必要がある．ここで求められる重量減少率から体積含水率（液相率：V_w/V_t）が算出され，コア体積からの差し引きで固相率（V_s）および気相率（V_a）が求まる．また，乾燥後の体積あたりの固相重量率のことを乾燥密度（仮比重）とよぶ．乾燥後の土壌試料を水中で篩分けして礫（2 mm以上）を分別し，再度

175

Part 2 | 土壌の分析

乾燥させたのち重量を測定すると礫含量が求まる．ここで乾燥密度から礫含量を除いた部分を乾燥細土重量とよぶ．

❗注意点

森林土壌では特に地点間のばらつきが大きいため，乾燥密度や礫含量の測定に400 mL容の円筒コアが用いられる．ただし，既述した実容積測定装置は400 mL容コアには適用できないため三相分布は測定できない．

14.2 土壌水分量（風乾土または生土中の水分率）

👆方法

三相分布や各種土壌水分量は前節に述べた方法で求められるが，実験に供試する破壊試料全体（生土，風乾土）（M_t）に占める水分量（M_w）は以下の方法で，**式14-1**にて求めることもできる．

あらかじめ乾熱器を用いて105℃で50 mL容程度のビーカー（耐熱性のガラスまたはステンレス製容器なら何でもよい）を1～2時間程度乾燥させておき，シリカゲルを入れたデシケーター内で冷却する．冷却後，ビーカーの重量を秤量し，次に土壌試料を10 g程度とり，合量を秤量する．その後，105℃で一晩乾燥させた後，デシケーター内で冷却させ，試料とビーカーの合量を秤量する．乾燥前後の重量差が秤取した土壌あたりの水分量となる．

▦計算

土壌水分量(M_w/M_t)

$$= \frac{（ビーカー重＋乾燥前試料重）－（ビーカー重＋乾燥後試料重）}{（ビーカー重＋乾燥前試料重）－（ビーカー重）} \times 100 \quad （式14\text{-}1）$$

風乾土重量から乾土重量を算出する

実験操作上用いる多くの土壌試料の形態が，風乾細土もしくは風乾細微土である．しかし，実験の最後に得られる計算値は，通常水分を含んだ風乾土壌試料ベースではなく，水分を含まない乾土ベースで求められる．

$$乾土重量 (g) ＝ 風乾土重量 (g) \times \frac{100－水分率\%}{100}$$

14.3 粒径組成（土性）

粒径組成 (2.3.1参照) は土性という用語とほぼ同義に用いられており，細土中（2 mm以下画分）に占める砂，シルト，粘土の重量割合で表わされる．粒径の区分については，国際的な統一基準はなく，日本の農学分野，国際土壌学会の基準では，粒子直径が2 mm〜20 μmを砂，20〜2 μmをシルト，2 μm以下を粘土としている．このほか地学，陸水学などの堆積物の粒径分類[1]もある．

粒径組成は，土壌の粘着性，可塑性，砕易性など（コンシステンシー）と密接な関係がある．また，単なる粒径による違いがあるのみでなく，各画分間では鉱物組成が概して異なっているのがふつうである．

粒径組成を求める方法は，沈降法（ピペット法）と比重法があるが以下には各粒径画分の回収にも用いることができる沈降法を示す．沈降法はストークスの法則にしたがい，土壌粒子を一定密度（ρs：$Mg\,m^{-3}$）で直径 d (m) の球体と仮定し，密度 ρl ($Mg\,m^{-3}$)，粘度 η (mPa·s) の溶液（水）中を水面から深さ h (m) まで沈降するのにかかる時間 t (s) との関係式（**式14-2**）を用いて求める．

$$t=\frac{1.8\times10^{-7}h\eta}{d^2g(\rho s-\rho l)} \qquad g は重力加速度(m\,s^{-2}) \qquad （式14-2）$$

ただし，実際には土壌の密度（比重）はその種類により異なり，黒ボク土では2.4〜2.9 $Mg\,m^{-3}$，非黒ボク土では2.6〜3.0 $Mg\,m^{-3}$，泥炭などの有機質土では1.2〜1.5 $Mg\,m^{-3}$である．磁鉄鉱などの有色重鉱物類は密度が高いため，これらを多く含む土壌では密度も高くなる．沈降法の際は便宜的に2.6 $Mg\,m^{-3}$の値を採用している．

沈降法で最も重要な点は，有機物分解処理後の懸濁液の分散処理である．すなわち土壌粒子，主に粘土粒子間に斥力（反発力）がはたらき個々粒子が離れた状態をつくりだすことで，粒形ごとの粘土粒子の回収が可能となる．

🖊️試薬

① 過酸化水素水（30%）：市販一級試薬

② 1 mol L^{-1}水酸化ナトリウム溶液（分散剤）

③ 1 mol L^{-1}塩酸溶液（分散剤）

Part 2 | 土壌の分析

①風乾細土10 gを300〜500 mL容のトールビーカーにとり，50 mL程度の水で浸潤させ，過酸化水素水を5〜10 mL加え，時計皿で蓋をする．有機物の多い試料では激しく発砲するので，しばらく室温で分解処理を行う．発砲がおさまったら，ホットプレート上で80℃くらいで加熱．その後，時計皿をはずし，液量が50 mL程度になるまで蒸発・濃縮させ，新たに過酸化水素水10 mL程度加えて再度時計皿を乗せ分解処理する．

②土が褐色か赤褐色，または灰色など有機物が分解消失した状態になるまで繰り返す．分解終了後，上澄み液は吸引して除去．

③懸濁液を洗いこみながら1 L容の沈底瓶または広口瓶にすべて移す．液量は500〜600 mL程度とする．超音波処理を15分×2回（懸濁液が熱くならないよう，氷水の入ったバット内で冷やすか，超音波処理をパルス式（間断式）にする（重粘質でなければ音波洗浄機程度でも十分である）．

④分散剤として1 mol L^{-1}の水酸化ナトリウムまたは塩酸を2〜4 mL添加し，2時間往復振とうする（注：分散剤の選択は本文参照）．

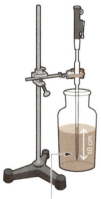

水面下10 cm深までピペットを挿入

⑤粘土画分の採取：水を加え1 Lに定容し，激しく1分間振とう後，静置し，ノートなどに時間を記載する．懸濁液の温度を計測し，温度と沈降時間の関係から粘土の沈降時間を確認する．所定の時間が経過した時点で水面から10 cm深の懸濁液を正確にホールピペットで20 mL採取し，蒸発皿に移す（粘土画分の定量）．蒸発皿はあらかじめ重量をはかっておく．

⑥粘土＋シルト画分の採取：⑤と同様の操作を繰り返す．（ただし，沈降時間は表のシルト画分を参照．本画分は沈降速度が速いのでストップウォッチかタイマーを用いる．）

⑦蒸発皿はホットプレート上で乾固近くまで加熱後，105℃の恒温器内に移し24時間乾燥させ重量測定する（水酸化ナトリウムを分散剤にした場合は，塩が析出するため，土壌粒子を含まないブランク重量もはかっておき，測定値から差し引く）．

［図14-4］ 粒径分析(1)

Chapter 14 | 土壌の物理性分析

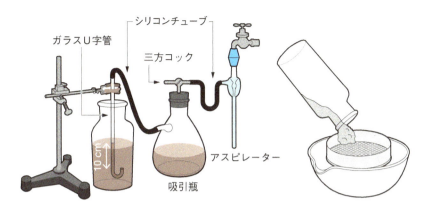

⑧ 再度1Lとし,激しく1分間振とうし,静置し,アスピレーターと吸引瓶を連結させて完全に粘土+シルト画分を吸引除去する(上澄みが透明になるまでこの操作を繰り返す).最後に砂画分が残る.

⑨ 沈底瓶内の砂画分試料を孔径0.2 mmの篩に通過させる.通過画分(細砂)と不通過画分(粗砂)をそれぞれ重量測定済みの蒸発皿に移し,105℃で乾燥後,重量を測定する(砂画分にホットプレートは使用しない).粘土やシルトと異なり,砂粒子は沈降が速いので,蒸発皿上の上澄み液だけを簡単に除去できる.

[図14-4] 粒径分析(2)

方法

沈降法により粒径組成を求める方法を図14-4に示す.

なお,実験操作⑧の吸引操作には,U字のガラス管を作成し,その下端から正確に10 cmの高さのところに油性マジックやビニールテープなどで印をつけ,吸引瓶,三方コック,水道用アスピレーターをシリコンチューブで連結させた装置を用意する.また,アスピレーターの代わりにサイホンを利用しても便利である.

注意点

① 分散剤に水酸化ナトリウムを使用した場合は塩が析出するため,ブランク操作を行い重量を測定しておく.

② 分散剤の選定については,層状ケイ酸塩粘土が主体ならば一般には水酸化ナトリウムで分散するが,火山灰性土壌(黒ボク土など)が主体の場合でアロフェンやフェリハイドライトといった鉱物を多く含む場合は,水酸化ナトリウムでは分散しないため塩酸で分散させる.

Part 2 | 土壌の分析

[表14-1] 粘土およびシルトサイズの粒子が水面から10 cm深まで沈降するのにかかる時間[3]

温度 ＼ 粒径	粘土 $\phi 2\,\mu m$		シルト $\phi 20\,\mu m$	
	時間	分	分	秒
13	9	34	5	44
14	9	19	5	35
15	9	4	5	26
16	8	50	5	18
17	8	36	5	10
18	8	23	5	2
19	8	10	4	54
20	7	58	4	47
21	7	47	4	40
22	7	36	4	33
23	7	25	4	27
24	7	15	4	21
25	7	5	4	15
26	6	55	4	9
27	6	46	4	4
28	6	37	3	58
29	6	28	3	53
30	6	20	3	48
31	6	12	3	43
32	6	4	3	39

注：粒子の密度は 2.6 Mg m^{-3} と仮定してある.

参考

① 粘土鉱物組成を分析する場合は，粘土画分回収時に水面下 10 cm 深の液量のすべてを吸引回収する．後の処理詳細については成書[2]に譲る．

② 砂画分は既述の脱鉄処理（13.14.1参照）を施し，適当な粒径に揃えれば，一次鉱物の顕微鏡観察試料となる．

14.4 団粒分析

　土壌団粒はその粒径の大きさから，マクロ，ミクロなどに分画される（2.2参照）．ガラスビーズを用いた水中での振とう粉砕法（14.4.1参照）や分散剤と超音波処理を用いた比重分画法などがあり，土壌団粒の単粒構造の分布解析に用いられる．このほか，

Chapter 14 | 土壌の物理性分析

土壌の保水性や透水性に関連した内容として，水に浸漬しても壊れにくい団粒（耐水性団粒）を水中で穏やかに振とうしながら篩別する方法（14.4.2参照）などがある．

14.4.1 マクロおよびミクロ団粒分析（ガラスビーズ法[4]）
方法

ガラスビーズ法による団粒分析方法を**図14-5**に示す．

14.4.2 耐水性団粒分析

耐水性団粒の分布分析には，水槽中に組み篩を装着した装置（**図14-6**；Yorder式耐水性団粒分析装置）を用いる．この中に，2.0 mm, 1.0 mm, 500 μm, 250 μm, 106 μm目の篩が連結して組まれていて，最上部の篩上に土壌試料を置き，水槽の中でゆっくり上下させることにより，サイズ別の耐水性団粒に分画することができる．ただし，篩の組み合わせは自由に変えられる．また，団粒別の試料は化学分析など構成成分分析に供することができる．

方法

① 風乾土または生土25 g程度をビーカーにとり，水をゆっくり浸漬させて一晩静置する．
② 組み篩の最上部に土壌試料を静かにひろげ，水で満たした円筒状の浴槽内でゆっくり沈め，一定のストロークで上下させながら10分間団粒を破壊し，単位団粒に分断させる．
③ 10分後，組み篩を取り出し，各篩上に残った試料を大きめの蒸発皿などに移し，乾燥後のそれぞれの粒径団粒の重量を測定する．

Part 2 | 土壌の分析

① 風乾細土3～5 gを50 mLの蓋つきポリ瓶にとり，ガラスビーズ（直径約6 mm）を5個入れる．

② 水30 mLを加え，16時間，150 rpmの速度で往復振とうする．

③ 振とう終了後，大きめの蒸発皿（φ150 mm；500 mL）などに目開き250 μmの篩（φ80 mm）を置き，懸濁液を流し込み通過させる．篩上に残った残渣に水をかけ流しながら，通過しうる粒子をすべて通過させる．ガラスビーズはピンセットで取り出す．

④ 篩上の250 μm以上画分を回収するため，小さめの蒸発皿（φ90 mm；130 mL）に篩を逆さ向きに乗せ，洗浄ビンからの水流を利用して蒸発皿側へ流し移す．ここで用いる蒸発皿はあらかじめ重量を正確にはかっておく．

⑤ 250 μm通過画分は，目開き53 μmの篩を用いて，③および④と同様の操作を繰り返し，53 μm以下画分と53～250 μm画分に分ける．

⑥ 蒸発皿に回収した各画分試料は，しばらく静置し粒子を沈降させた後，上澄み液だけを捨てる．

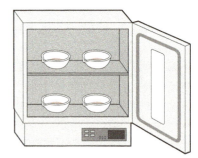

⑦ 蒸発皿上の試料は，50℃で通風乾燥，もしくは風乾させ，重量をはかる．あらかじめ計量した蒸発皿重量を差し引いて画分量を算出する．試料の水分含量は別途分析が必要．

［図14-5］団粒分析

［図14-6］**Yorder式耐水性団粒分析装置**
〔大起理化工業株式会社より提供〕

［図14-7］**最大容水量測定用コア**
〔大起理化工業株式会社より提供〕

14.5 最大容水量（Hilgard法）

　吸水可能な土壌孔隙がすべて水で埋め尽くされた水分状態を最大容水量とよび，そのときのpF値は0である（0 kPa）．この状態から重力に依存して水分が排水された状態を圃場容水量といい，pF値は1.8程度（−6 kPa）である．可給態窒素量や酵素活性の測定など，微生物活動を想定した培養実験を行う際の水分条件として，畑地条件では最大容水量の60%に統一することが一般的である．また，本方法は生土にも風乾土にも適用できるが，両者で値が異なり，一般に生土の方がその値は大きくなる．この性質は次節で述べる保水性とも深くかかわっている．

方法

　最大容水量は，専用のコア（図14-7）を用いて図14-8のように測定する．

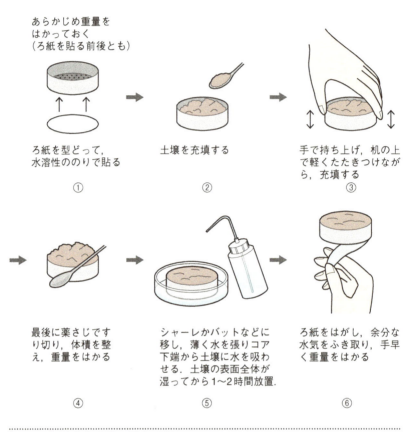

[図14-8] **最大容水量の測定手順**

14.6 保水性

　土壌の保水力はpFで表す．植物に有効な水分はpF 1.8～4.2の水分量で，おおよそは測定範囲がpF 2.0～4.2である加圧板法にて求めることができる（**図14-9, 10**）．

　加圧板法では，まず，水で飽和した素焼板でできた加圧板に土壌試料を密着させる．これに空気圧を加えると，その圧よりも大きなポテンシャルで保持されている土壌水は排水

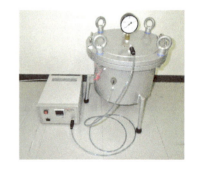

[図14-9] **加圧板装置写真**
〔土木管理総合試験所より提供〕

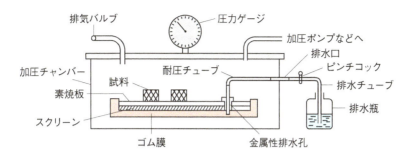

[図14-10] 加圧板装置[5]

される.空気圧を段階的に変えることによって,各ポテンシャルに対応した水分量が測定できる.

14.7 透水性

透水性とは,土壌の孔隙中の水の流速の大きさを示す指標である.水で飽和されたときの飽和係数を飽和透水係数とよぶ.飽和透水係数の測定法は,土壌試料への水の与え方が異なる定水位法と変水位法とがある.定水位法は飽和透水係数が10^{-3}〜10^{-1} cm s^{-1}の砂質土を対象に,変水位法は飽和透水係数が10^{-7}〜10^{-3} cm s^{-1}のローム質土や粘性土を対象に用いられる.

試料は非撹乱土壌を用い,測定に先立ち,水で飽和させる.試料底面が数mmつかるようにし,毛管上昇による吸水を一晩行ったものを毛管飽和試料として測定を行う.

図14-11にあるスタンドの変水位

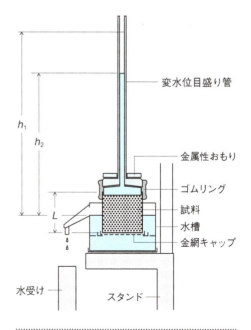

[図14-11] 変水位法による透水係数の測定[6]

法では，変水位目盛り管を水で満たし，水面がh_1（はじめの水位）およびh_2（最後の水位）を通過した時間をストップウォッチで測定する．

14.8 強熱減量（灼熱損量）

方法

① あらかじめ重量測定済みのルツボ（**図14-12**）に風乾試料2～3ｇ程度を正確にはかりとる．
② ルツボの蓋を少しだけずらした状態で密閉はせず，105℃の乾熱器または電気炉で乾燥させ，冷却後，重量を測定しておく（ここでの減量分は風乾土水分に相当する）．
③ ②同様にルツボの蓋を少しずらし，電気炉内で550℃まで上昇させて1時間強熱処理を行う．
④ 冷却後，ルツボごと重量を測定する．②の処理後の乾燥重量から③の処理により失われた重量相当分が強熱減量（土壌中の揮発成分で主に有機物）に相当する．

[図14-12] 磁性ルツボ

強熱減量＝（ルツボ重＋風乾試料重）−（ルツボ重＋強熱処理後の試料重）

［文献］

1. 細野衛・駒村正治・成岡市 (1993)「物理的性質の測定法」，日本第四紀学会編『第四紀試料分析法　2 研究対象別分析法』東京大学出版会, p.47-57.
2. 井上克弘 (1993)「鉱物組成の同定」，日本第四紀学会編『第四紀試料分析法　2 研究対象別分析法』東京大学出版会, p.58-89.
3. 中井信 (1997)「粒径組成（ピペット法）」，土壌環境分析法編集委員会編『土壌環境分析法』博友社, p.24-29.
4. Aoyama, M., Angers, D. A. and N'Dayegamiye, A. (1999) Particulate and mineral-associated organic matter in water-stable aggregates as affected by mineral fertilizer and manure applications. *Canadian Journal of Soil Science*, 79 (2), p.295-302.
5. 中井信 (1997)「保水性」，土壌環境分析法編集委員会編『土壌環境分析法』博友社, p.54.
6. 加藤英孝 (1986)「飽和透水係数」，土壌標準分析・測定法委員会編『土壌標準分析・測定法』博友社, p.54-59.

Chapter 15 土壌の生物性分析

15.1 土壌微生物数（希釈平板法）

　現在では，微生物の培養操作を必要としない直接検鏡法やDNAを利用した定量PCR（ポリメラーゼチェーンリアクション）法などが主流となりつつあるが，これまでは栄養成分を含んだ寒天培地に土壌希釈液を塗抹し，培養後に出現する細菌や糸状菌のコロニー数をもって土壌中の微生物数として扱ってきた．また，培地上に生育できる微生物は，土壌中に実際に生育する数の1％以下であることが明らかにされるようになって，厳密な計数法としては限定的な方法となってきた．しかし，異なる土壌間の微生物数を大まかに比較したり，培地成分や培養環境を制御して特定の環境（たとえば重金属類や農薬などが共存する環境）に対し増殖能力をもつ微生物を検出したりする手法としては，今日においてもなお有効である．ここでは，土壌中の微生物（細菌と糸状菌）の培養・計数において一般的に用いられてきた手法を紹介する．

器具

① シャーレ：内径90 mm程度．ガラス製は使用前に滅菌処理をする．
② 耐熱性メジューム瓶（または三角フラスコ）
③ オートピペットおよびチップ．もしくは，オートクレーブ殺菌可能な1〜2 mL容のガラス製メスピペット（複数本）．
④ コンラージ棒

装置

　ガスバーナー，オートクレーブまたは圧力釜，クリーンベンチ（もしくは無菌箱），恒温器，カウンター（コロニー計数用），ボルテックスミキサー

器具類の滅菌

　使用時に濡れた状態では都合が悪いガラス製のシャーレやピペット類は適当量ずつ

紙に包んで，160℃で1時間以上，乾熱器の中で滅菌する．プラスチック製のピペットチップ，ピペット類は数個ずつまとめてアルミホイルでくるんだ後，オートクレーブ（または圧力釜）を用いて121℃，20分間以上，高圧蒸気滅菌処理をする．これらはいずれも滅菌処理済みの市販プラ製品もあり便利である．

15.1.1 平板培地の作製

A. 細菌用：アルブミン寒天培地

方法

① エッグアルブミン0.125 gを50 mL容程度のビーカーにとり，0.1 mol L^{-1}水酸化ナトリウム溶液数mLとフェノールフタレイン溶液1〜2滴程度を加えてスターラーでよく溶解させておく（溶液は微紅色）．

② 耐熱性500 mL容メジューム瓶（三角フラスコと耐熱性プラスチック栓でも可）に溶解させたエッグアルブミンと，グルコース0.5 g，K_2HPO_4 0.25 g，$MgSO_4 \cdot 7H_2O$ 0.1 g，$Fe_2(SO_4)_3$少量（痕跡程度）と寒天7.5 gをとり，水を500 mL加え，よくかき混ぜた後，pH 6.9に調整して，オートクレーブで121℃，20分間，高圧蒸気滅菌処理する（寒天は加熱処理により可溶化する）．

③ アルコールでよく拭いたクリーンベンチ内に培地の入ったメジューム瓶を移動させ，放冷後50℃程度になったら，内容物をよく混和させるため泡立てない程度に振り混ぜる．

④ メジューム瓶の蓋を軽くバーナーの炎で炙り（火炎殺菌），次に蓋を開けてメジューム瓶の口の周りも同様に炙った後，シャーレに培地を静かに分注する（内径90 mm程度のシャーレであればおよそ20 mL程度）．分注後，結露防止のためシャーレの上蓋を半分程度ずらして開けた状態（図15-1）で培地が固化するのを待ち，固化後，蓋を閉じる．

［図15-1］培地分注後のシャーレ

作製した培地はなるべく速やかに実験に使用する．作製する平板培地の枚数は，塗抹する土壌希釈液の希釈段階ごとに5枚ずつ用意する．

注意点

オートクレーブ滅菌の際の加圧は事故にもつながるため，メジューム瓶の蓋は固く

Chapter 15 土壌の生物性分析

締めず緩めておく．また，メジューム瓶内の培地を振り混ぜる場合も，滅菌直後は培地が激しく突沸するので必ずある程度冷ましてから行う．また，培地に重金属類や生育阻害作用をもつ成分を含ませたい場合，オートクレーブ滅菌操作によりそれらが変性しないか確認しておく必要がある．変性が予想される場合は，滅菌済みの孔径$0.2\,\mu$mのメンブランフィルターでろ過滅菌し，培地温度がある程度冷めてから混和するとよい．

B. 糸状菌（カビ）用：ローズベンガル寒天培地

(✋) **方法**

① ローズベンガル$0.1\,$gをビーカーに取り，水$30\,$mLに溶解させる．

② $500\,$mL容メジューム瓶にKH_2PO_4 $0.5\,$g，$MgSO_4 \cdot 7H_2O$ $0.25\,$g，ペプトン$2.5\,$g，グルコース$5.0\,$g，寒天$10\,$gをとり，溶解させたローズベンガル$5\,$mLを加えた後，最終液量が$500\,$mLとなるよう水を足し，よくかき混ぜた後，pH 6.8に調整して，オートクレーブ滅菌する．

③ ストレプトマイシン硫酸塩は，$600\,$mg L^{-1}となるように水に溶解させておき，その後，滅菌済みメンブランフィルター（孔径$0.2\,\mu$m）でろ過し，滅菌済みの容器（$100\,$mL容メジューム瓶など）にて無菌状態で保管しておく．

④ ストレプトマイシン溶液$1\,$mLをあらかじめシャーレに分注しておき，A. 細菌用と同様に培地溶液を流し込み混和させ，固化させる．

(❗) **注意点**

ローズベンガルは光分解しやすいため，本培地は使用直前に作製する．

(📖) **参考**

ローズベンガルは細菌の生育抑制と糸状菌コロニーのサイズを小さく保つ効果があり，ストレプトマイシンも細菌の生育を抑制する効果を持つ．このように細菌の生育を抑制させることで糸状菌コロニーを識別しやすくする．

15.1.2 土壌希釈液の作製

(✋) **方法**

① 目開き$2\sim4\,$mm程度の篩を通過させた生土$2\,$gを滅菌済みの$30\sim50\,$mL容程度の蓋付試験管（ポリ製でもガラス製でも可）にとり，滅菌水（オートクレーブ滅菌

189

[図15-2] 1次希釈液の作製

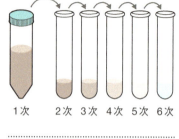

[図15-3] 1次希釈液の希釈

した水または水道水）を20 mL加えて，ボルテックスミキサーを用いてよく撹拌する（これを1次希釈液とする）（図15-2）．

② 15 mL容程度の滅菌済み蓋付試験管に①の1次希釈液1 mLをピペットでとり，滅菌水を9 mL加える（これを2次希釈液とする）．同様の操作を繰り返し，2次→3次，3次→4次，…の要領で6次希釈液まで作製する（図15-3）．なお，希釈操作は，クリーンベンチ（もしくは無菌箱）内で行う．

15.1.3 土壌希釈液の塗抹と培養

以下の作業はすべてクリーンベンチ内で行う．なお，用いる希釈液は，細菌用には5次および6次希釈液を，糸状菌用には3次から5次希釈液を用いる．

方法（図15-4）

① コンラージ棒を80％エタノールの入った50 mL容程度のビーカー内につけておき，ガスバーナーの炎でアルコールを気化させつつ火炎殺菌する（ディスポの滅菌済みプラ製品ならこの処理は不要）．

② ボルテックスミキサーでよく撹拌した各希釈液をオートピペットで100 μL採取し，培地上中央に滴下する．コンタミを避けるため，この作業は希釈段階の高いもの（薄い懸濁液）から順に行うとよい（例：6次→5次→4次…）．

③ すばやくコンラージ棒で希釈液を培地上で薄くすり込むように広げ，最後にシャーレの蓋をする．

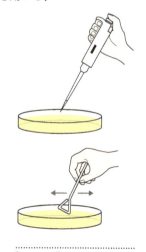

[図15-4] 土壌希釈液の塗抹と培養

④ 蓋が下側に向くよう反転させ，シャーレの底面部または側面に小さくサンプル名と希釈段階がわかるよう油性マジックでラベルする．

⑤ 反転させた状態で28℃（23〜28℃の範囲内で一定温度）の恒温器内で細菌は7〜14日間，糸状菌は3〜5日間培養を行う．

15.1.4 計数

培養終了後，明るい場所で底面を上にした状態でコロニー（直径0.5〜1 mm程度）を計数する．計数したコロニーにはシャーレ底面上に順次黒マジックなどで印をつけていくとよい（図15-5）．また，シャーレを下側から照らすとコロニーの判別が容易になる．シャーレ1枚あたり，コロニー数が細菌で20〜200，糸状菌で20〜50くらいの希釈段階のものを計数するとよい．コロニー数は5連の平均とする．培養期間中，適宜（例：毎日）計数すれば，期間中のコロニー数の増殖曲線を描くこともできる．

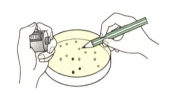

[図15-5] コロニーの計数

計算

土壌中の生菌数（コロニー数／g）

$$= \frac{5連の平均コロニー数}{\dfrac{培地に塗抹した希釈液量（100\,\mu L）}{1000}} \times 希釈倍率 \times \frac{1次希釈液を作製したときの液量（mL）}{乾土重量（g）}$$

注意点

実験終了後のシャーレや寒天培地などは，環境汚染を引き起こさないよう，そのまま廃棄せず，必ずオートクレーブ殺菌してから廃棄する．

15.2 土壌呼吸[1]

土壌呼吸とは土壌中の生物による二酸化炭素の放出を意味し，その担い手は主に微生物と植物根である．生きた植物根の少ない畑土壌などの環境では，微生物による有機物の分解活性の指標にもなる．土壌呼吸量の測定方法としては，

① クローズドチャンバー内（閉鎖系）で土壌から一定時間中に放出される二酸化炭

Part 2 | 土壌の分析

素をアルカリ溶液で吸収し，生成した炭酸の量（消費したアルカリの量）を逆滴定により求める方法（密閉吸収法），

② クローズドチャンバー内で土壌から放出される二酸化炭素量を赤外線ガス分析計で直接測定したり，シリンジでチャンバー内からガスを一定量サンプリングし，ガスクロマトグラフィーを用いて成分測定する方法，

③ 上部が開いた状態のオープントップチャンバー（開放系）を用いる方法

などがある．特に，野外において正確な値を求めたい場合ほど ② や ③ の方法が用いられることが多いが，それらの手法については成書に譲り，本書では，実験室内に土壌を持ち帰り，簡易に比較分析に用いることができる ① の方法を紹介する．

水酸化ナトリウムに吸収した二酸化炭素は，過剰の塩化バリウム溶液を添加することで炭酸バリウムとなって沈殿を形成するので，残った水酸化ナトリウム（水酸化物イオン）を塩酸で滴定して求めることができる．

$$2NaOH + CO_2 \longrightarrow Na_2CO_3 + H_2O$$
$$Na_2CO_3 + BaCl_2 \longrightarrow BaCO_3（沈殿）+ 2NaCl$$

🧪 試薬

① $0.1\ mol\ L^{-1}$ 水酸化ナトリウム溶液：本液は正確である必要はない．試験区とブランク試験区の双方に，正確に同じ量の水酸化ナトリウム液を使用していれば，滴定値の差から二酸化炭素吸収量が計算できる．

② $1\ mol\ L^{-1}$ 塩化バリウム溶液：約 208 g の塩化バリウムを水に溶かし 1 L とする．本液も正確でなくてよい．生成した Na_2CO_3 を沈殿させるのに十分な量を添加させるだけでよいため．

③ フェノールフタレイン溶液：13.2 参照

④ $0.1\ mol\ L^{-1}$ 塩酸溶液：市販の $0.1\ mol\ L^{-1}$ 塩酸溶液を用意する．もしくは，市販の $1\ mol\ L^{-1}$ 塩酸溶液を正確に 10 倍希釈してもよい（例：100 mL とって 1 L に希釈）．

👆 方法

野外から持ち帰った土壌試料を，速やかに目開き 2〜4 mm 程度の篩を通過させる

↓ 大きな植物遺体や礫を取り除く

通過土壌試料をビニール袋に入れ，乾燥しないよう軽く口を締めた状態で 25℃の恒温器内で 1 週間前培養処理を行う

Chapter 15 | 土壌の生物性分析

前培養後，土壌試料を広口の蓋付200 mL容程度のガラス瓶に30〜50 g程度とる（重量は土壌により適宜変えてもよい）

- 秤量した量はノートに記載しておく
- 各土壌最低3連で行う
- 別途，生土水分量を測定しておく（14.2参照）
- あらかじめ最大容水量を測っておき，その60%に調整するなど，水分条件を調整してもよい

↓

0.1 mol L^{-1}の水酸化ナトリウム溶液を正確に8 mL入れた20 mL容程度のビーカーを土壌表面に置き，密栓し恒温器内で培養する（例：25℃で24時間）

↓ 土壌を入れないブランクについても同様の培養を行う

培養終了後，水酸化ナトリウムの入ったビーカーを回収し，100 mL容の三角フラスコに水で洗いこみながらすべて移す

↓

1 mol L^{-1}塩化バリウム溶液を駒込ピペットなどで3 mL添加する

↓

上記，塩化バリウムを添加した水酸化ナトリウム溶液にフェノールフタレイン溶液を3〜4滴加え，ビュレットを用いて0.1 mol L^{-1}塩酸溶液で滴定する

滴定の終点は，フェノールフタレインの赤紫色が無色に変色する点とする

計算

$$C' = (T_b - T_{samp.}) \times 0.1/1000$$

C'：二酸化炭素発生量（mol）

T_b：ブランク滴定値（mL）

$T_{samp.}$：試料の滴定値（mL）

最後に，この値（C'）を土壌1 kg（乾土）あたりに換算する

正味の二酸化炭素発生量：C（mol kg^{-1}）$= \dfrac{C'}{x \times 1000}$

x：乾土相当の土壌試料重（g）（水分含量の計算は14.2参照）

参考

① 培養温度は，適宜，目的に合わせて設定すればよい．一般的には，25〜30℃の間で設定されることが多い．

② 培養期間を1日ではなく数日間に設定したい場合は，水酸化ナトリウムの濃度を濃くするなどの調整をすることで対応できる．

15.3 土壌動物相（ツルグレン法）

土壌動物相には，ミミズ，ヤスデ，ムカデなどの大型の生物から，トビムシやダニなど2 mm以下のもの，また線虫などの実体顕微鏡でなければ形態が判断しづらい微小なものまで実にさまざまな生物が存在する．土壌動物を採集する手法は，ふるい分ける，追い出す，おびき寄せる，の3つに大きく分けられる[2]．ここでは最も一般的な土壌動物の採集方法として，土から追い出す手法であるツルグレン法を紹介する．図15-6のとおり，採取した土壌に上から電球で光をあててその熱で乾燥させ，乾燥を嫌う土壌動物を湿った下方に追いやり，最後には土壌下端から追い出して採集す

［図15-6］ツルグレン装置

るという原理である．スウェーデンの動物学者の名前にちなんで名付けられた．その他の手法は，入門者向けに平易に書かれた青木（2005）[2]を参照されたい．

方法

① 縦横高さ30 cm程度の箱を用意し，上部に直径20 cm程度の漏斗が装着できるような穴をカッターナイフで空けておく．
② 箱の中には200 mL容程度のビーカーを置き，70％アルコールを100 mL入れておく．
③ 漏斗を箱に設置し，ザルまたは篩を装着し，その上にガーゼを乗せる．
④ ガーゼの上に野外で採取した一定量の湿潤土壌を均等に広げる．
⑤ 白熱灯を点灯させ，その熱で土壌を徐々に乾燥させる（3日間（72時間）程度）．
⑥ 土壌動物がガーゼやザルの網目を抜けて，下方に逃げ出してくる．それらは最終的に70％エタノール内に落下してくる．
⑦ アルコール内に回収された土壌動物はいったんシャーレに移し（図15-7①），実体顕微鏡をとおして観察しつつ，泥やごみを避けながら（図15-7②），種類ごとに新しいエタノールの入った蓋付きの小瓶に移し直し，採取日，採取場所などを記載する（図15-7③）．
⑧ 形状の観察は実体顕微鏡を用いて行い，それらのスケッチをとり，種類ごとに計数する（図15-8）．

Chapter 15 | 土壌の生物性分析

[図15-7] 土壌動物の観察

[図15-8] 土壌動物の早見表
〔文献2より許可を得て転載〕

195

Part 2 | 土壌の分析

> 📖 **参考**
>
> ツルグレン法は，線虫類のような乾燥によって活動を休止させてしまうものに対しては不向きである．線虫を対象とする場合は，ベールマン法という他の方法を用いる．また，ここで用いる白熱灯は加熱を目的としているため，LED灯では熱量が十分得られない．
>
> また，肉眼で確認できる程度の土壌動物ならば，白い布の上で土を篩で広げ，布上で動きだす土壌動物をピンセットや吸虫管で採取することもできる．実体顕微鏡を用いても観察が困難な微小なものは，ガラスプレパラートに移し，生物顕微鏡を用いて観察する（文献2参照）．
>
> 青木は，土壌動物群集構造を用いて，自然の豊かさを評価する指標を提案している[3]．

15.4 有機物分解活性[4]

ろ紙を用いてセルロース分解活性を測る方法，断片化した植物体をメッシュバッグなどに封入して分解速度をはかるリターバッグ法など，これらは野外でも簡便に利用できる手法であるが，室内で培養実験に適用することもできる．また，培養器の温度条件を変化させることで仮想的に季節変化の影響を検証することもできる．ここでは，操作が容易なろ紙をポリエチレンシートで裏打ちしたベンチコートシートを用いたセルロース分解活性を紹介する．

> ✏️ **資材**
>
> ① ベンチコートシート（Whatmann製）：実験で必要な大きさ（5 cm×5 cm）に裁断した後，40℃で一晩，通風乾燥させる．各培養容器にベンチコートシートを3枚ずつ用いるため，乾燥後に3枚組にして，各総重量を正確に測ってノートに記載しておく．
>
> ② 培養に用いる容器は，直径10〜12 cm程度，高さが5 cm以上あればよい．材質は，ガラス製でもプラスチック製でもよい．ただし，実験条件を同一にするため，容器は同一のものとする．

> 👆 **方法**
>
> 野外で採取した土壌は，あらかじめ2 mmないし4 mmの篩を通過させて，大型の

リターや植物根，礫などを取り除いておく．

供試土壌250 gを上記の培養用の容器に入れる
↓　2連ないし3連で行う
ベンチコートシートのろ紙面を上に向け，地表下2〜4 cmの位置に水平に3枚埋め込む
↓　水分条件は，最大容水量（14.5参照）の60%相当になるように水を添加して調整
↓　25℃の条件で1〜5週間培養する
↓　培養期間中は，密閉しない程度に蓋かラップなどをして，乾燥を避ける
↓　培養前の土壌と容器の全重量を測定しておき，時々計量し，蒸発した水分量を補う
培養後，土壌中からベンチコートシートを回収し，水中に約2時間浸漬する
↓
分解の進んだろ紙部分が脱離しないよう注意しながら，付着した土壌粒子を毛筆を用いて落とす
↓
40℃で12時間乾燥させ，重量を測定し，培養前の重量との差を減少量（セルロース分解量）とする

結果の表示は，分解（減少）セルロース量を，乾土1 kgあたりに換算し直して表示する

注意点

　ろ紙材の違いは分解活性に大きく影響するので，土壌間の違いを比較する際はなるべく同じロットの製品を用いる．

15.5 土壌酵素活性（デヒドロゲナーゼ活性[5]）

　本法は，微生物細胞内でグルコースなどの基質（餌）が利用，酸化されて脱水素（脱水素酵素反応）し，添加したトリフェニルテトラゾリウムクロライド（電子受容体）が還元反応でその水素を受け取り，紫色のトリフェニルフォルマザンに変化する反応を利用するものである．

試薬

① 0.25 mol L^{-1}トリス緩衝液（pH 7.6）：特級トリスヒドロキシメチルアミノメタン30.28 gを水に溶解させ，希塩酸でいったんpH 7.6に調整した後，1 Lに定容する．

② 1%グルコース：特級グルコース1 gを水で溶解し，100 mL容メスフラスコで定容する．

③ 0.4%トリフェニルテトラゾリウムクロライド：2,3,5−トリフェニルテトラゾリウムクロライド400 mgを水で溶解し100 mL容メスフラスコで定容する．

④ 特級メタノール

Part 2 | 土壌の分析

⑤ トリフェニルフォルマザン標準液（0, 1, 2, 3, 5 mg L^{-1}溶液）：トリフェニルフォルマザンを正確に 10 mg とり，メタノールに溶解し，100 mL 容メスフラスコで定容する（100 mg L^{-1}溶液）．その溶液を 0, 1, 2, 3, 5 mL ずつ 100 mL 容メスフラスコにとりメタノールで定容する．

⑥ ろ紙（例：アドバンテック 5C φ55）

Chapter 15 | 土壌の生物性分析

方法 (図15-9)

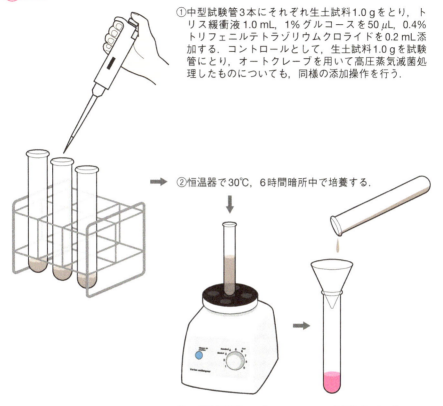

① 中型試験管3本にそれぞれ生土試料1.0 gをとり、トリス緩衝液1.0 mL、1%グルコースを50 μL、0.4%トリフェニルテトラゾリウムクロライドを0.2 mL添加する。コントロールとして、生土試料1.0 gを試験管にとり、オートクレーブを用いて高圧蒸気滅菌処理したものについても、同様の添加操作を行う。

② 恒温器で30℃、6時間暗所中で培養する。

③ 6時間経過後、メタノール10 mLを添加して、ボルテックスミキサーでよく撹拌して酵素反応を止めた後、ろ紙でろ過をする。

④ ろ液はトリフェニルフォルマザンを検量線作成用の標準液に用いて485 nmの波長で比色定量する。

[図15-9] デヒドロゲナーゼ活性

199

Part 2 | 土壌の分析

(計算)

結果は検量線から計算されるトリフェニルフォルマザン（分子量：300.36）生成量で表し，単位は一般的にμmol hr^{-1} kg^{-1}を用いる．

(参考)

本法は，微生物細胞内の活性，いわゆる生きた細胞の活性を測定するものである（細胞内酵素活性）．このほか，セルロースの分解活性を測るセルラーゼ活性，有機態リン酸を分解し無機態リン酸を取り込む際のホスファターゼ活性，タンパク質を分解する際のプロテアーゼ活性など，必要な基質や栄養素を取り込む際の活性を見る手法がいくつかある[5,6]．デヒドロゲナーゼ活性が生きた細胞内の活性を見ているのに対し，後者は細胞外に放出した酵素の反応（細胞外酵素活性）を見ているため，微生物細胞の生死を直接問うことはできない．

(注意点)

デヒドロゲナーゼ活性を高濃度のCuなどの重金属汚染土壌に適用すると金属が基質の発色反応を阻害する場合がある．汚染土壌を扱う場合，あらかじめ土壌試料を加えない系において該当する重金属濃度領域で阻害反応が起こらないか確認しておく必要がある．

15.6 土壌微生物バイオマス量[7]

土壌微生物バイオマスとは土壌微生物の現存量を指し，土壌中の生きた画分量の指標として用いられる．また，この画分が土壌中の有機物の中で最も循環速度が速いことから，その中に含まれる窒素やリン，イオウなどは植物に対する可給態画分（Bio-available fraction）ともみなされる．土壌微生物バイオマスの定量方法には，直接検鏡法，クロロホルムくん蒸法，ATP法，基質誘導法などさまざまある．この中で最も普及している方法が以下に記すクロロホルムくん蒸–抽出法である．土壌をクロロホルムでくん蒸し，微生物を死滅させ，微生物自らが持つ溶菌作用（自己溶解）により可溶化する成分を中性塩溶液（硫酸カリウムなど）で抽出する方法である．通常は有機態炭素（バイオマス炭素）や窒素（バイオマス窒素），リン（バイオマスリン）などを定量する．バイオマス量はくん蒸処理土壌から抽出される各元素量から非くん蒸処理土壌から抽出される元素量を差し引いた値に換算係数をかけて算出される．

200

Chapter 15 | 土壌の生物性分析

📝試薬

① クロロホルム：市販のクロロホルムは安定剤として微量のエタノールが含まれているため除去精製する必要がある．クロロホルムと0.5%硫酸溶液を1：2の割合で分液漏斗でよく振り混ぜた後，下層のクロロホルム相を回収し，水相を除去する．同様の操作をさらに3回程度繰り返し，エタノールを完全に除去する．次に水を加え，水相のpHが中性に達するまで同様の操作を繰り返す（pH試験紙などで確認）．精製したクロロホルムは，脱水剤として硫酸ナトリウムとともにガラス製のねじ口瓶などに入れ冷蔵保存する．安定剤にアミレンが添加されているものならばこの精製作業は省略できる．

② 0.5 mol L^{-1}硫酸カリウム溶液：特級硫酸カリウム87.1 gを水1 Lに溶かし定容する．

③ 沸騰石または粗粒な石英砂

15.6.1 くん蒸処理

👆方法

A. 土壌の前処理

現地で採取した湿潤土壌から植物根や落葉枝などの粗大な有機物を除去した後，4〜6 mm程度の篩に通過させたものを実験に供する．

B. くん蒸処理

① ラベルした50 mL容のガラスビーカーに土壌を10〜30 g程度とる（3連以上が望ましい）．クロロホルムでくん蒸すると，油性マジックでは消えてしまうので，紙ラベルに鉛筆書きがよい．

② ガラス製真空デシケーターの底に2〜3 cm深程度に温水（80℃程度）を入れ，突沸防止のため沸騰石か素焼きの石片を加え，その中央に25 mL程度のクロロホルムと沸騰石（または石英砂）を入れたビーカーを置く（**図15-10**）．

③ 中皿を置いた上に土壌の入ったガラスビーカーを並べる．

④ 最後に真空デシケーターの上蓋を取り付け，真空ポンプ（ロータリーポンプなど）か水道の蛇口に吸引アスピレーターを取り付けた水流ポンプを用いてデシケーター内を減圧する（図15-10の蓋上部より）．吸引後しばらくすると，クロロホルムが沸騰し始めるので，2分程度沸騰させ，しっかりクロロホルムを充満させる．その後，まず真空デシケーターのコックを閉じ，次いでポンプを停止さ

201

[図15-10] クロロホルムくん蒸処理法

せる．
⑤ デシケーターは暗所で25℃，24時間静置する（光のあたる場所は不可）．
⑥ 24時間後，真空デシケーターのコックをゆっくり開放した後，上蓋を開けてクロロホルムの入ったビーカーと土の入ったビーカーを取り出す．デシケーターの底の水も回収・廃棄し，新しい温水と沸騰石を入れる．
⑦ 再度，土の入ったビーカーをデシケーター内に戻し，蓋をして，④同様にポンプで減圧する．温水が沸騰し始めてから2分程度減圧した後，コックを閉じてからポンプを止める．コックをゆっくり開放し真空解除する．土壌からクロロホルム臭がなくなるまでこの操作を繰り返す（3回以上）．

15.6.2 抽出

方法

① ビーカー内の土壌を50 mL容遠沈管に7.0 g秤りとり，0.5 mol L^{-1}硫酸カリウム溶液35 mLを加え，30分間往復振とう（図15-11①）した後，遠心分離を行い（図15-11②），上澄み液をろ紙でろ過して抽出液を得る（図15-11③）．この操作を非くん蒸土壌からも同様に行う．
② 抽出液は，ポリ瓶に回収し冷凍庫内で保存し，使用前に解凍して用いる．

参考

抽出は三角フラスコやポリ瓶などを用いて代用することも可能である．遠心分離の代わりに，静置後，上澄み液をろ過する方法でも可能である．

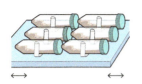
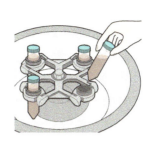

① くん蒸処理土壌および未くん蒸土壌の一定量（7〜10 g）を 50 mL 容ガラス製遠沈管（ポリプロピレンなどのポリ製品でも可）に移し，土壌の 4〜5 倍相当になるよう一定量の 0.5 mol L^{-1} 硫酸カリウム溶液を加え，30 分間振とう抽出する．

② 遠心分離（3,000 rpm，10 分間）

③ 乾燥ろ紙でろ過し抽出液を得る．

[図 15-11] 抽出

また，くん蒸処理の段階から 50 mL 容のガラス製遠沈管を用いると一連の作業がより簡便になる．

注意点

クロロホルムは毒性が高く，気化しやすいので処理操作は必ずドラフト内で行う．

15.6.3 バイオマス炭素の定量方法

抽出試料中の炭素量を測定する原理は，試料に塩酸を加えてあらかじめ無機炭素を追い出し，液体中の有機態炭素を燃焼，またはUV照射により分解し，二酸化炭素を赤外線吸収法またはガスクロマトグラフィーで測定するというものである．本書では，全有機態炭素計（例：島津製作所のTOCシリーズ）を用いた燃焼−赤外線吸収を利用した方法を紹介する．

試薬

① 特級濃塩酸
② フタル酸標準液：特級フタル酸水素カリウム 2.125 g を超純水に溶かし，1 L に定容する．この溶液は，1,000 mg-C L^{-1} に相当し，この標準原液を 0〜5 mL（5 段階程度）とって，100 mL 容メスフラスコで定容すると，0〜50 mg-C L^{-1} 標準希釈液ができる．

Part 2 | 土壌の分析

方法

①　抽出液は適宜希釈しておく（2〜5倍程度）.

②　各希釈標準液，希釈試料液5 mLに対し，濃塩酸を25 μLガラス製注射器などで添加しておく.

③　②の塩酸添加液を専用のガラスバイアルに移し，TOC計を用いて測定を行う.

④　希釈標準液測定値から検量線を作成し，希釈試料液中の炭素濃度と希釈倍率から抽出原液中の炭素濃度を算出する.

⑤　以下の計算手順に従い，土壌1 kgあたりのバイオマス炭素量を算出する.

計算

①　バイオマスC＝2.22×（くん蒸土壌中の可溶性全炭素量−非くん蒸土壌中の可溶性全炭素量）

②　分析値は，①の値を乾土1 kg相当に換算して表示する.

参考

①　液体中の炭素含量の測定において，赤外線ガス分析型のTOC分析計では，換算係数2.22が用いられる.

②　抽出液に用いられる$0.5 \ mol \ L^{-1}$硫酸カリウムも高濃度の塩類であるため，分析信頼度を損なわない範囲で，極力試料は希釈することが望ましい.

15.6.4 バイオマス窒素の定量方法

　ここで紹介するペルオキソ二硫酸カリウム分解法は水質中の全窒素分析にも用いられてきた手法である. アルカリ環境下でペルオキソ二硫酸カリウムをオートクレーブ中で加熱し，生成した酸素分子により有機態窒素を酸化分解させて硝酸態窒素を生成させる反応を利用するものである. 生成した硝酸態窒素は，ヒドラジン還元法または紫外線吸光光度法などにより定量する.

試薬（ヒドラジン還元法）[8,9]

①　酸化試薬：ペルオキソ二硫酸カリウム25 g，ホウ酸15 g，水酸化ナトリウム7.5 gを水に溶かし，500 mLに定容し，褐色瓶で保存する. 1週間程度保存可能.

②　硝酸態窒素標準液：特級硝酸カリウム0.721 gを$0.5 \ mol \ L^{-1}$硫酸カリウム溶液1 Lに溶かし，$100 \ mg\text{-}N \ L^{-1}$標準液を作成する. 本液は褐色瓶に保存する.

③ 硫酸銅溶液：硫酸銅（II）5水和物5.4 gを水に溶かし500 mLに定容する.

④ 水酸化ナトリウム溶液：特級水酸化ナトリウム11 gを水に溶かし500 mLに定容する.

⑤ 硫酸ヒドラジン溶液：特級硫酸ヒドラジン0.11 gを水に溶かし，200 mLに定容する. 本試薬は実験の都度，作成する.

⑥ 20%アセトン溶液：特級アセトン20 mLに水を加え100 mLとする.

⑦ スルファニルアミド試薬：濃塩酸50 mLと水300 mLの混合液にスルファニルアミド5 gを溶かして，水で最後に500 mLに定容する. 冷蔵で1ヶ月程度保存可能.

⑧ ナフチルエチレンジアミン溶液：N-1-ナフチルエチレンジアミン二塩酸塩0.5 gを水に溶かし500 mLに定容する. 冷蔵で1ヶ月程度保存可能.

方法

① ポリカーボネート製など耐熱性の30 mL容ねじ栓つき遠沈管に，くん蒸処理および非くん蒸処理の土壌抽出液5 mLをとり，酸化試薬を5 mL入れたのち，オートクレーブ処理をする（121℃，30分間）.

② 放冷後，分解液を水で25倍に希釈して供試液とする.

③ 検量線作成のため，同様の操作を窒素標準液についても行う. このとき，窒素標準液は，$0.5 \, \mathrm{mol \, L^{-1}}$硫酸カリウム溶液を用いて適宜希釈し，$0 \sim 1.0 \, \mathrm{mg\text{-}N \, L^{-1}}$の範囲で数段階の希釈液を作成する.

④ 38℃に設定した恒温水槽を準備する.

⑤ 供試液5 mLを試験管にとり，水酸化ナトリウム溶液1 mL，硫酸銅溶液1 mL，硫酸ヒドラジン溶液1 mLを順次加え，④の恒温水槽に沈め30分間反応させる.

⑥ 30分後，試験管を取り出しアセトン溶液を1 mL添加したのち，2分後にスルファニルアミド溶液1 mLを添加する.

⑦ 5分後にナフチルエチレンジアミン溶液1 mLを添加し，20分間放置する.

⑧ その後，分光光度計にて波長540 nmにおける吸光度を測定する.

⑨ 窒素標準液による⑧の値から検量線を作成し，くん蒸処理土壌および非くん蒸処理土壌中の窒素含量を算出する.

計算

① バイオマスN＝2.41×（くん蒸土壌中の可溶性全窒素量－非くん蒸土壌中の可溶性全窒素量）

Part 2 | 土壌の分析

② 分析値は，① の値を乾土1 kg相当に換算して表示する．

📖 **参考**

　ペルオキソ二硫酸カリウム分解後の硝酸態窒素測定に紫外吸光光度法を用いる場合の検出波長は210 nmである．このとき検量線には，ロイシンを用いて0〜600 μmol-N L^{-1} の範囲とし，換算係数には2.9を採用するものとする[10]．

［文献］

1. 土壌標準分析・測定法委員会編 (2003)『土壌標準分析・測定法(POD版)』博友社, p.271-273.

2. 青木淳一 (2005)『だれでもできるやさしい土壌動物のしらべかた：最終・標本・分類の基礎知識』合同出版.

3. 青木淳一 (1989)「土壌動物を指標とした自然の豊かさの評価」, 千葉県臨海開発地域等動植物影響調査会編『都市化・工業化の動植物影響調査法マニュアル』千葉県, p.127-143.

4. 達山和紀ほか (1984)「ベンチコートシートを用いた土壌中のセルロース分解活性測定法」, 『日本土壌肥料学雑誌』55(2), p.180-182.

5. 土壌微生物研究会編 (1997)『新編　土壌微生物実験法』養賢堂, p.366-376.

6. 土壌環境分析法編集委員会編 (1997)『土壌環境分析法』博友社, p.109-120.

7. 日本土壌微生物学会編 (2013)『土壌微生物実験法　第3版』養賢堂, p.87-89.

8. 林敦敏・坂本一憲・吉田冨男 (1997)「ヒドラジン還元法を用いた土壌中の硝酸態窒素量の迅速測定法」, 『日本土壌肥料学雑誌』68(3), p.322-326.

9. 坂本一憲・林敦敏 (1999)「土壌中の微生物バイオマス窒素量の迅速測定法：ペルオキソ二硫酸カリウム分解法による可溶性全窒素量の測定」, 『土と微生物』53(1), p.57-62.

10. 小森冴香ほか (2009)「土壌バイオマス窒素測定におけるペルオキソ二硫酸カリウム分解：紫外吸光光度法およびニンヒドリン発色法の評価」, 『日本土壌肥料学雑誌』80(1), p.37-40.

［索 引］

欧文

AEC→陰イオン交換容量

CEC→陽イオン交換容量

C/N比 ································· 50

EC ····························· 65, 143

pH ····························· 60, 138

y1→交換酸度

Yorder式耐水性団粒分析装置 ······· 181, 183

あ行

アメリカの土壌分類 ··············· 103

アルブミン寒天培地 ··············· 188

アロフェン ······················· 20

アンドソル ······················· 86

アンモニア ···················· 44, 159

アンモニア化成作用 ················ 44

イオウ循環 ······················· 48

イタイイタイ病 ················· 37, 90

一次鉱物 ························· 16

イモゴライト ····················· 20

陰イオン交換反応 ················· 32

陰イオン交換容量 ················· 32

永久電荷 ························· 24

液相 ····························· 14

越境大気汚染 ····················· 84

塩基飽和度 ···················· 29, 59

円筒コア ························ 174

か行

海外の土壌 ······················ 137

外圏型錯体 ······················· 32

化学吸着 ························· 28

化学的風化 ························· 4

可給態窒素 ···················· 59, 161

可給態養分 ······················· 59

火山灰 ··························· 17

火成岩 ··························· 5

下層土 ··························· 76

褐色森林土 ······················ 105

活性アルミニウム ············ 5, 74, 165

カドミウム ···················· 38, 90

神岡鉱山 ························· 90

カルボキシ基 ····················· 26

環境因子 ························· 2

環境基本法 ······················· 90

乾燥密度 ······················ 74, 174

官能基 ··························· 26

機械的風化 ······················· 4

気候 ···························· 4, 6

希釈平板法 ······················ 187

気相 ····························· 14

吸着 ··························· 26, 28

凝集 ····························· 36

強熱減量 ························ 186

グライ層 ························· 69

黒ボク土 ····················· 5, 105

クロロホルムくん蒸法 ············· 200

ゲータイト ···················· 20, 109

結核 ···························· 113

ケルダール分解 ·················· 156

原生動物 ························· 21

耕耘 ····························· 75

公害対策基本法 ···················· 90

交換酸度 ······················ 62, 139

交換性塩基 ······················· 29

交換性陽イオン ················· 28, 151

耕起 ····························· 75

孔隙	14	森林飽和	82
黄砂	84	水酸基	25
耕地面積	80	水蒸気蒸留法	157
固相	14	水分率	176
コロイド粒子	24	鋤床	70
根系調査	120	砂	16, 112
コンポスト	49	生産者	39

さ行

細菌	21, 188	静電吸着	28
最大容水量	183	生土	136
砂漠化	83	生物	4, 8
砂漠化対処条約	83	精密土壌図	121
酸化還元電位	71	生理的酸性肥料	63
酸性雨	63, 89	世界土壌照合基準	103
酸性降下物	88	赤黄色土	106
酸性土壌	27	石灰飽和度	60
三相分布	174	セミミクロショーレンベルガー法	144
酸度	60	セルロース分解活性	196
時間	2, 4, 10	漸移層位	117
糸状菌	21, 189	選択溶解法	170
次表層	5	洗脱	5
灼熱損量	186	層位	12, 114

た行

重金属イオン	34	耐水性団粒	16, 181
重金属汚染	35	堆積岩	5
主層位	116	堆肥	49
硝化作用	45	ダストボウル	82
硝酸	45, 160	脱窒	46, 72
消費者	39	炭素循環	40
蒸留法	156	炭素貯蔵庫	85
植物	8	炭素排出源	85
植物の生育因子	55	団粒	15
シルト	16, 112	団粒構造	14
人為	4, 11	団粒分析	180
人口圧	81	チェルノーゼム	86

地下水位 ……………………10, 69	
地下水土壌型類 ………………68	
地球人口 …………………………80	
地球土壌有機態炭素マップ ……85	
地形 …………………………4, 9	
窒素飢餓 …………………………50	
窒素固定化作用 …………………44	
窒素循環 …………………………43	
中和石灰量 ……………………142	
沈降法 …………………………177	
ツルグレン法 …………………194	
低地土 …………………………106	
デヒドロゲナーゼ活性 ………197	
電荷 ………………………………24	
電荷ゼロ点 ………………………26	
電気伝導度 …………………65, 143	
田面水 ……………………………71	
同形置換 ……………………19, 24	
透水性 ………………………5, 185	
都市化 ……………………………81	
都市人口率 ………………………81	
土壌汚染 …………………………88	
土壌温度 …………………………6	
土壌改良目標値 …………………60	
土壌環境基準 ……………………91	
土壌構造 ………………………119	
土壌呼吸 ……………………52, 191	
土壌酸性 …………………………60	
土壌三相 …………………………14	
土壌侵食 …………………………82	
土壌診断 ………………………127	
土壌図 …………………………121	
土壌水分量 ……………………176	
土壌生産力可能性分級 ………126	
土壌生成因子 ……………………4	

土壌生成作用 ……………………12	
土壌生態系 ………………………39	
土壌層位 …………………………12	
土壌体 ……………………………3	
土壌炭素隔離 ……………………84	
土壌調査 ………………………108	
土壌調査票 ……………………108	
土壌動物 …………………………8	
土壌動物早見表 ………………195	
土壌の酸性化 ……………………63	
土壌の定義 ………………………3	
土壌微生物 ………………8, 21, 200	
土壌物質 …………………………3	
土壌有機物 ………………………65	
土色 ……………………………108	
土性 ……………………………112	
土地利用 …………………………80	

な行

内圏型錯体 ………………………32	
二次鉱物 …………………………17	
日本土壌分類体系 …………98, 99	
ニューディール政策 ……………83	
熱帯土壌 …………………………27	
粘土 …………………………16, 112	
粘土鉱物 …………………………17	
農耕地土壌分類 ……………98, 99	
農用地の土壌の汚染防止等に関する法律 ……90	

は行

配位子交換反応 …………………33	
バイオマス ………………………20	
バイオマス炭素 ………………200	
バイオマス窒素 ………………200	
はげ山 ……………………………82	

209

反発	36
斑紋	113
必須元素	57
非腐植物質	20
ピペット法	177
表面酸化層	71
微量金属	91
肥料の三要素	58
風化	4
風乾土壌	136
フェリハイドライト	20, 109
福島第一原発事故	31
腐植	20
腐植物質	20, 110
物理吸着	28
分解者	39
ヘマタイト	20, 109
変異電荷	25
変成岩	5
ベンチコートシート	196
包括的土壌分類	99
包含土壌	122
放射性セシウム	91
放線菌	21
母岩	4
母材	4
圃場容水量	183
保水性	15, 184
ポドゾル	85, 107

ま行

マクロ団粒	15, 181
マサ土	82
マンガン	113
ミクロ団粒	15, 181
未熟土	106
無機態窒素	159

や行

有害重金属	36
有機作用（窒素の）	46
有機物分解活性	196
遊離酸化鉄	109, 171
陽イオン交換反応	28
陽イオン交換容量	28, 143
陽イオン固定	31
養分イオン	35
四大公害病	90

ら行

陸域面積	80
粒径組成	177
リン酸イオン	33
リン酸吸収係数	6, 74, 165
リン循環	46
林野土壌の分類	98, 99
礫	16, 119, 174
ローズベンガル寒天培地	189

編著者紹介

田中治夫　農学博士

1991 年　東京農工大学大学院連合農学研究科生物生産学専攻博士課程修了
現　在　東京農工大学大学院農学研究院　准教授

著者紹介

村田智吉　博士（農学）

1997 年　東京農工大学大学院連合農学研究科生物生産学専攻博士課程修了
現　在　国立研究開発法人国立環境研究所地域環境研究センター　主任研究員

NDC 613　　218 p　　　21cm

土壌環境調査・分析法入門

2018 年 8 月 29 日　第 1 刷発行

編著者　田中治夫

著　者　村田智吉

発行者　渡瀬昌彦

発行所　株式会社　講談社
　　　　〒 112-8001　東京都文京区音羽 2-12-21
　　　　　　販　売　(03)5395-4415
　　　　　　業　務　(03)5395-3615

編　集　株式会社　講談社サイエンティフィク
　　　　代表　矢吹俊吉
　　　　〒 162-0825　東京都新宿区神楽坂 2-14　ノービィビル
　　　　　　編　集　(03)3235-3701

本文データ制作
カバー印刷　株式会社双文社印刷

表紙印刷　豊国印刷株式会社

本文印刷・製本　株式会社講談社

落丁本・乱丁本は，購入書店名を明記のうえ，講談社業務宛にお送り下さい．送料小社負担にてお取替えします．なお，この本の内容についてのお問い合わせは講談社サイエンティフィク宛にお願いいたします．
定価はカバーに表示してあります．

© H. Tanaka and T. Murata, 2018

本書のコピー，スキャン，デジタル化等の無断複製は著作権法上での例外を除き禁じられています．本書を代行業者等の第三者に依頼してスキャンやデジタル化することはたとえ個人や家庭内の利用でも著作権法違反です．

JCOPY 〈(社)出版者著作権管理機構 委託出版物〉

複写される場合は，その都度事前に(社)出版者著作権管理機構（電話 03-3513-6969，FAX　03-3513-6979，e-mail : info@jcopy.or.jp）の許諾を得て下さい．

Printed in Japan

ISBN 978-4-06-155236-4

講談社の自然科学書

これからの 環境分析化学入門

小熊 幸一 / 上原 伸夫 / 保倉 明子 /
谷合 哲行 / 林 英男・編著

B5・270 頁・本体 2,900 円（税別）　ISBN 978-4-06-154382-9

1冊ですべてが学べるテキスト！　大気、水、土壌、食品、住環境の分析手法と、環境放射能の測定を解説。また、化学平衡論、各種機器分析手法、環境基準も詳しく解説。

新編 湖沼調査法 第2版

西條 八束・三田村 緒佐武・著

A5・271 頁・本体 3,800 円（税別）　ISBN 978-4-06-155241-8

湖沼の構造と機能の特色を示した「湖沼の科学」と、手軽な手法から機器分析までさまざまな「湖沼調査法」を解説。湖沼研究者・学生・市民調査に携わる人、必携!!

樹木学事典

堀 大才・編著
井出 雄二 / 直木 哲 / 堀江 博道 / 三戸 久美子・著

A5・351 頁・本体 4,200 円（税別）　ISBN 978-4-06-155243-2

森林や樹木にかかわるさまざまな事象を網羅し、系統立てて解説。樹木に関する正しい知識を習得することができ、保全・管理技術の向上に最適な指南書。樹木医（補）をはじめ、造園業などの緑化関係者にはとくにおススメ！

土木の基礎固め 水理学

二瓶 泰雄 / 宮本 仁志 /
横山 勝英 / 仲吉 信人・著

A5・238 頁・本体 2,800 円
（税別）

ISBN 978-4-06-156572-2

絵でわかる 地図と測量

中川 雅史・著

A5 判・191 頁・本体 2,200 円
（税別）

ISBN 978-4-06-154774-2

数式の暗記に陥りがちな水理学を「わかる科目」に。流れと力の関係を可視化するカラー図版や実際の写真を多数掲載。例題や演習問題が豊富なので知識が確実に定着。学習内容を実感できるような身の回りの事例を取り上げた。

ふだん何気なく使っている地図に隠された驚異の技術！原理・原則から最新技術まで、地図の材料集めから編集までを豊富なカラー図版で解説。測量学や空間情報工学の入門に最適。数式に抵抗がある人でも読みやすい。

東京都文京区音羽 2-12-21
https://www.kspub.co.jp/

講談社

編集　☎03(3235)3701
販売　☎03(5395)4415

〔2018年7月現在〕